WPS 办公应用
基础与实操

主　编　吴观福　徐　伟　李小强

副主编　温淼玉　汤美连　赖作华　李启业

　　　　陈　东　王韵蒲

参　编　刘鹰翔　刘大兵　邓解关　徐朝君

　　　　刘曼玉　陈路瑶　吴云莲　邬明珠

　　　　邱　敏　陈志敏

北京理工大学出版社
BEIJING INSTITUTE OF TECHNOLOGY PRESS

内容简介

　　本书紧密围绕国家数字化发展战略，结合职业教育课程标准和行业规范，系统讲解 WPS Office 的核心组件及应用。内容涵盖 WPS 文字、WPS 表格、WPS 演示及 WPS PDF 的基础操作与高级技巧，并提供模拟试卷帮助读者巩固所学知识，提升办公软件应用能力。

　　本书内容由浅入深，结构清晰，注重实践操作，帮助读者掌握高效办公技能。同时，书中融入信息安全、网络道德、民族自信等思政元素，引导学生树立正确的价值观、职业观和责任意识。本书适用于职业院校信息技术相关专业的学生，也可作为社会培训和办公软件技能自学的参考资料。

图书在版编目（CIP）数据

WPS办公应用基础与实操 / 吴观福, 徐伟, 李小强主编. -- 北京 : 北京理工大学出版社, 2025.1.
ISBN 978-7-5763-4942-9

Ⅰ. TP317.1

中国国家版本馆CIP数据核字第2025K0W626号

责任编辑: 张荣君　　**文案编辑:** 李海燕
责任校对: 刘亚男　　**责任印制:** 施胜娟

出版发行 / 北京理工大学出版社有限责任公司
社　　址 / 北京市丰台区四合庄路6号
邮　　编 / 100070
电　　话 / （010）68914026（教材售后服务热线）
　　　　　　　（010）63726648（课件资源服务热线）
网　　址 / http://www.bitpress.com.cn

版 印 次 / 2025 年 1 月第 1 版第 1 次印刷
印　　刷 / 定州市新华印刷有限公司
开　　本 / 889 mm × 1194 mm　1/16
印　　张 / 12.5
字　　数 / 264 千字
定　　价 / 85.00 元

Preface

前 言

在数字化时代的浪潮中，办公软件已成为连接知识、提升工作效率不可或缺的工具。WPS Office，这一源自中国、面向世界的办公软件套件，凭借其卓越的性能、丰富的功能和持续的创新，赢得了广大用户的青睐与信赖。本书《WPS 办公应用基础与实操》的编写，旨在为广大读者提供一本全面、系统、实用的 WPS Office 应用指南，帮助大家快速掌握 WPS 文字、WPS 表格、WPS 演示及 WPS PDF 等相关软件的基础与高级操作技巧，提升工作效率，轻松应对日常办公与学习中的各项挑战。

一、编写目的

1. 普及 WPS Office 应用知识：WPS Office 以其强大的功能和便捷的操作，成为众多用户的首选。本书旨在通过详细、易懂的讲解，帮助读者从零开始，逐步掌握 WPS Office 的各项功能。

2. 提升工作效率：本书通过实例演示和技巧分享，让读者能够快速上手 WPS Office，并在实践中不断提升工作效率，实现工作与生活的平衡。

3. 满足多样化需求：WPS Office 不仅限于文字处理、表格编辑和演示文稿制作，还涵盖了 PDF 文档处理等多个方面。本书全面覆盖 WPS Office 的各项功能，满足不同用户的多样化需求，帮助读者在各类办公场景中游刃有余。

二、编写结构

本书内容结构清晰，由浅入深，共分为五章，分别介绍了 WPS Office 的四大核心组件——WPS 文字、WPS 表格、WPS 演示及 WPS PDF 的基础操作与高级技巧，另外还提供了模拟试卷用于巩固所学知识。

1.WPS 文字：详细介绍了 WPS 文字的界面布局、软件基本设置、文字文档的基本操作（包括打开、保存、另存为等）、标签管理、文本编辑（如选中文本、复制粘贴、查找替换等）、表格编辑（如手动绘制表格、表格对象的选取等）、插入对象（如图片、水印、截图取字等）及文字文档的排版与输出打印等。

2.WPS 表格：讲解了电子表格的基本操作，包括工作簿、工作表、单元格的操作，数据录入与编辑，单元格格式的设置（如数字格式、字体设置、边框设置等），条件格式与表格样式的应用，电子表格的函数使用（如求和函数、统计函数、日期函数等），图表的制作与美化，以及电子表格的审阅与安全、打印设置等。

3.WPS 演示：介绍了演示文稿的创建、编辑、排版、动画制作与演示的全过程。从新建演示文稿、界面布局与视图应用到幻灯片操作、对象属性操作，再到文本编辑、图片与形状插入、段落设置、项目符号与编号、对象组合与排列等，最后到演示文稿的保存、打包与放映操作，帮助读者全面掌握 WPS 演示的使用技巧。

4.WPS PDF：作为 WPS Office 的重要组成部分，WPS PDF 提供了便捷的 PDF 文档处理功能。本书介绍了 WPS PDF 的基础操作、页面管理（如缩放、页面显示、背景色设置、查找、文档拆分合并等）及高级功能，满足用户在 PDF 文档处理方面的多样化需求。

5.WPS 办公应用模拟试卷：通过精心设计的操作题，帮助读者检验学习成果，巩固所学知识。试卷涵盖 WPS 文字、WPS 表格、WPS 演示等多个方面，题型多样，难度适中，旨在提升读者的实践操作能力。

在信息化高速发展的今天，掌握一套高效、易用的办公软件已成为现代人的必备技能之一。相信通过本书的学习和实践，广大读者一定能够在日常办公与学习中取得更加优异的成果和成绩。愿本书成为您学习 WPS Office 的得力助手和良师益友！

最后，感谢各位读者选择本书。由于编者知识水平有限，书中难免有疏漏之处，恳请广大读者批评指正！

编　者

目录

第1章　WPS文字 ··· 1

1.1　WPS文字的基础操作 ··· 1

1.2　文字文档的编辑 ·· 11

1.3　文字文档的排版 ·· 32

1.4　文字文档的输出与打印 ······································· 47

1.5　WPS在线服务云办公 ·· 52

1.6　WPS文字练习题 ·· 53

第2章　WPS表格 ··· 56

2.1　电子表格的基本操作 ··· 56

2.2　电子表格的格式设置 ··· 74

2.3　电子表格的函数使用 ··· 82

2.4　电子表格的图表制作 ··· 88

2.5　电子表格的审阅与安全 ······································· 97

2.6　电子表格的打印 ·· 101

2.7　WPS表格练习题 ·· 105

第3章　WPS演示 ··· 108

3.1　演示文稿的创建 ·· 108

3.2　演示文稿的编辑 ·· 113

3.3　演示文稿的排版 ·· 131

3.4　演示文稿的动画制作 ··· 141

3.5　演示文稿的定稿 ·· 146

3.6　演示文稿的演示 ·· 149

3.7　WPS演示练习题 ·· 155

第 4 章　WPS PDF ··· **158**

4.1　WPS PDF 基础操作 ·· 158

4.2　WPS PDF 页面管理 ·· 162

4.3　WPS PDF 练习题 ·· 169

第 5 章　WPS 办公应用模拟试卷 ······························· **171**

附：WPS 章节练习题及模拟试卷参考答案 ··················· 179

参考文献··· **194**

第 1 章
WPS 文字

WPS 文字是 WPS Office 2019 系列的核心组成部分之一。它不仅具备强大的文档编辑功能，还提供了丰富的格式控制、图文排版美化和打印选项等功能，能够满足用户在文本编辑方面的基本需求。在本章中，我们将详细介绍如何使用 WPS 文字进行文档的创建、编辑、排版、保存、输出及打印等基础操作，让文本处理工作更加高效和便捷。

1.1　WPS 文字的基础操作

学 思 践 悟

文字是知识传承的载体，清晰、准确地表达信息是每位职业人应具备的基本能力。在使用文字软件时，我们不仅要掌握排版技巧，还要培养严谨的语言习惯，避免错别字、语法错误，提高职业素养，让每一份文档都能准确传达意图。

学 习 目 标

本节的学习目标是使读者了解 WPS 文字的窗口界面，了解标签的拆分与组合、界面设置、兼容设计和备份管理等操作方式，并熟练掌握窗口管理模式及界面的切换方式。

1.1.1 WPS 文字的界面布局 ○

WPS 文字的工作界面主要包括标签栏、功能区、导航窗格、任务窗格、编辑区、状态栏等部分，如图 1-1 所示为 WPS 文字的工作界面。

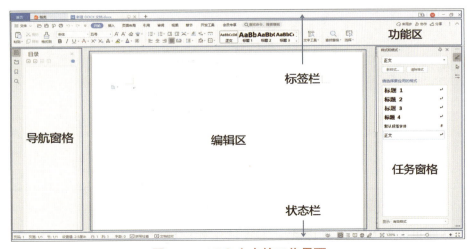

图 1-1　WPS 文字的工作界面

1. 标签栏

标签栏用于标签切换和窗口控制，包括标签区（访问 / 切换 / 新建文档、网页、服务）和窗口控制区（切换 / 缩放 / 关闭工作窗口、登录 / 切换 / 管理账号）。

2. 功能区

功能区承载了各类功能入口，包括功能区选项卡、文件菜单、快速访问工具栏（默认置于功能区内）、快捷搜索框和协作状态区等。

3. 导航窗格和任务窗格

导航窗格和任务窗格提供视图导航或高级编辑功能的辅助面板，一般位于编辑区的两侧，执行特定命令操作时将自动展开显示。

4. 编辑区

编辑区是文本内容编辑和呈现的主要区域，包括文档页面、标尺、滚动条等。

5. 状态栏

状态栏位于窗口的下方，用于显示文档的状态和提供视图控制。

1.1.2 软件基本设置

1. 界面切换

WPS 文字支持"2019 界面"和"经典界面"自由切换，旧版的"经典界面"采用的是"菜单 + 菜单列表"的风格，而默认的"2019 界面"采用的是"选项卡 + 功能按钮"的风格，新版界面中重新绘制的图标更加简约并更具现代风。界面切换的操作方法如下。

单击"首页"标签，打开 WPS 首页，单击"全局设置"按钮，在弹出的下拉菜单中选择"皮肤和外观"选项，打开"皮肤中心"对话框，选中任意一种界面皮肤，重启 WPS 文字，使皮肤切换生效，如图 1-2 所示。

图 1-2　界面切换

注意： "经典界面"为多组件模式，不支持工作区特性。

2. 界面设置

WPS 文字全新的工作界面支持更灵活的设置，用户可以根据个人喜好自定义个性化的工作界面。

（1）设置功能区按钮居中排列

单击任意文字文档主界面菜单栏右上角弹出的 ⁝ 按钮，在下拉菜单中选中"功能区按钮居中排列"命令，如图 1-3 所示。

（2）设置自定义快速访问工具栏位置

单击任意文字文档主界面菜单栏左上角的"自定义快速访问工具栏"下拉按钮，在弹出的下拉菜单中选中"放置在顶端""放置在功能区之下"或"作为浮动工具栏显示"命令，如图 1-4 所示。

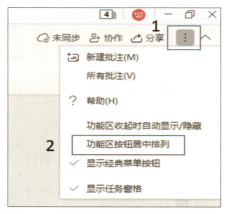

图 1-3　设置功能区按钮居中排列

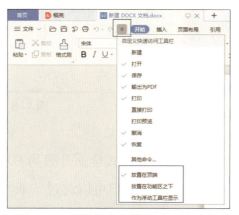

图 1-4　设置自定义快速访问工具栏位置

3. 备份管理

在日常工作中进行文件编辑时，如遇到断电、忘记保存等情况，WPS 提供智能的备份管理功能，帮助用户找回丢失的文件。

在"文件"菜单中，选择"备份与恢复"下级菜单中的"备份中心"选项，打开"备份中心"对话框，通过文件名称、备份时间等信息定位备份文件并将其进行恢复，如图 1-5 所示。

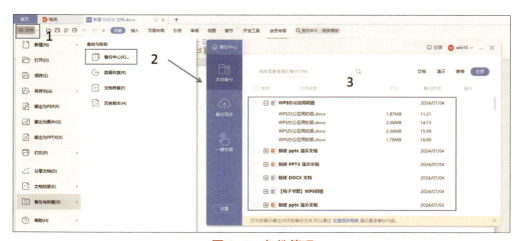

图 1-5　备份管理

单击"备份中心"中的"本地备份"按钮，在弹出的"备份设置"对话框中可以修改备份模式、备份位置和保存周期等，如图 1-6 所示。

图 1-6　备份设置

4. 兼容设置

WPS 文字默认的存储格式全面升级为 OXML 国际标准（.docx 格式），取代了旧的二进制文档格式（.doc 格式）。用户可以通过"兼容设置"修改默认存储格式、文件打开方式和希望二次开发接口，以便和 Microsoft Office 更好地兼容。

单击"首页"标签，打开 WPS 首页，单击"全局设置"按钮，在弹出的下拉菜单中选择"配置和修复工具"选项，打开"WPS Office 综合修复 / 配置工具"对话框，单击"高级"按钮，弹出"WPS Office 配置工具"对话框，在"兼容设置"选项卡中进行相应的设置，如图 1-7 所示。

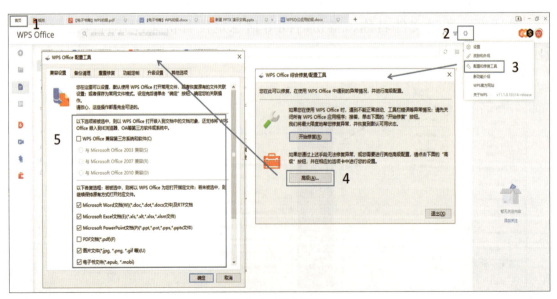

图 1-7　兼容设置

1.1.3 文字文档的基本操作

1. 新建文字文档

方法一：单击窗口左上角的"首页"标签，在左侧主导航栏中单击"新建"按钮，即可新建一个空白文字文档，如图1-8所示。

方法二：在"文件"菜单中，选择"新建"子菜单中的"新建"命令，即可新建一个空白文字文档，如图1-9所示。

图1-8　利用"首页"标签新建空白文字文档　　图1-9　利用"文件"菜单新建空白文字文档

方法三：单击标签栏上的"新建标签"按钮，即可新建一个空白文字文档，如图1-10所示。

方法四：在快速访问工具栏上，单击"新建"按钮，即可新建一个空白文字文档，如图1-11所示。

图1-10　利用"新建标签"按钮新建空白文字文档　　图1-11　利用"新建"按钮新建空白文字文档

注意： 如果快速访问工具栏中没有"新建"按钮，可单击"自定义快速访问工具栏"下拉按钮，在弹出的下拉菜单中选择"新建"命令，就可以将"新建"按钮添加到快速访问工具栏中，如图1-12所示。

方法五：单击窗口左上角的"首页"标签，在左侧主导航栏中单击"新建"按钮，在窗口中根据需要选择合适的模板，即可创建文字文档，如图1-13所示。

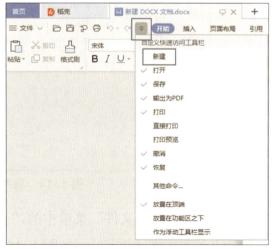

图1-12　利用"自定义快速访问工具栏"添加"新建"按钮

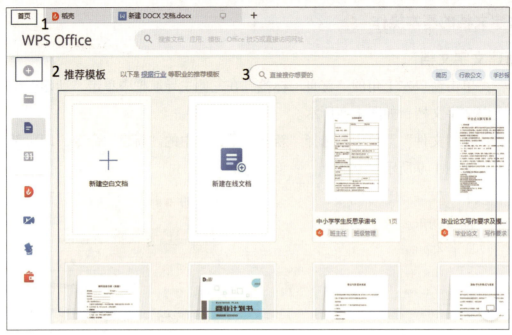

图 1-13　利用模板创建文字文档

方法六：使用"Ctrl+N"组合键，可以快速创建一个空白文字文档。

2. 打开文字文档

方法一：单击窗口左上角的"首页"标签，在左侧主导航栏中单击"打开"按钮，在弹出的"打开文件"对话框中，选择所需要的文字文档打开即可，如图 1-14 所示。

图 1-14　利用"首页"标签打开文字文档

方法二：选择"文件"菜单中的"打开"命令，在弹出的"打开文件"对话框中，选择所需要的文字文档打开即可，如图 1-15 所示。

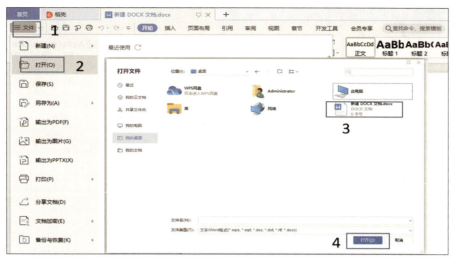

图 1-15　利用"文件"菜单打开文字文档

方法三：在快速访问工具栏上，单击"打开"按钮，在弹出的"打开文件"对话框中，选择所需要的文字文档打开即可，如图 1-16 所示。

图 1-16　利用"打开"按钮打开文字文档

注意：若快速访问工具栏中没有"打开"按钮，则需自定义勾选，方法参见图 1-12。

方法四：使用"Ctrl+O"组合键，在弹出的对话框中选择所需要的文字文档打开即可。

3. 保存文字文档

对文字文档进行相应的编辑后，可通过 WPS 文字的保存功能将其存储到外存中，以便以后查看和使用。如果不保存，编辑的内容将会丢失。

（1）保存新建文字文档

方法一：选择"文件"菜单中的"保存"命令，在弹出的"另存文件"对话框中设置文字文档的保存位置、文件名及文件类型，然后单击"保存"按钮即可，如图 1-17 所示。

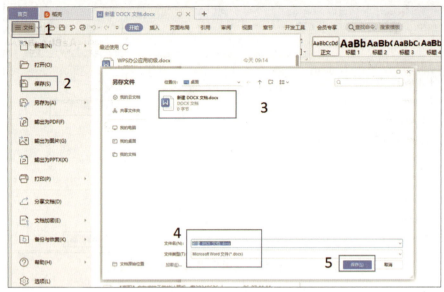

图 1-17　利用"文件"菜单保存文字文档

方法二：在快速访问工具栏上，单击"保存"按钮，在弹出的"另存文件"对话框中设置文字文档的保存位置、文件名及保存文件，然后单击"保存"按钮即可，如图 1-18 所示。

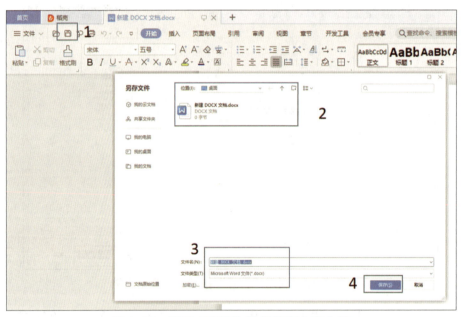

图 1-18　利用"保存"按钮保存文字文档

注意：若快速访问工具栏中没有"保存"按钮，则需自定义勾选，方法参见图 1-12。

方法三：使用"Ctrl+S"组合键，在弹出的"另存文件"对话框中设置文字文档的保存位置、文件名及文件类型，然后单击"保存"按钮即可。

（2）保存已有文字文档

对于已有的文字文档，在编辑过程中也需要及时保存，以防止因断电、死机或系统自动关闭等原因造成信息丢失。已有文字文档与新建文字文档的保存方法相同，只是对它进行保存时，仅是将对文字文档的更改保存到原文字文档中，因而不会弹出"另存文件"对话框，但会在状态栏中显示类似"正在保存文件"的提示，保存完成后提示立即消失。

（3）将文字文档另存

对于已有的文字文档，为防止其意外丢失，用户可将其另存，即对文字文档进行备份。另外，对文字文档进行各种编辑后，如果不希望丢失原文字文档的内容，可将修改后的文字文档另存为一个新的文字文档。

选择"文件"菜单中的"另存为"命令，在弹出的"另存文件"对话框中设置与当前文字文档不同的保存位置及文件名，然后单击"保存"按钮即可，如图 1-19 所示。

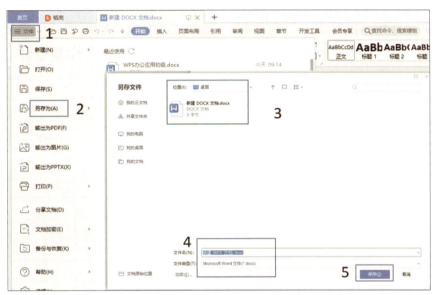

图 1-19　文字文档另存

注意：若另存时设置的保存位置、文件名和文件类型与原文字文档相同，则将会覆盖原文字文档。

4. 关闭文字文档

方法一：在窗口标签栏处单击想要关闭的文字文档的"关闭"按钮，即可关闭文字文档，如图 1-20 所示。

图 1-20　利用"关闭"按钮关闭文字文档

方法二：用鼠标右键单击标签栏中想要关闭的文字文档标签，在弹出的快捷菜单中选择"关闭"命令，即可关闭文字文档，如图 1-21 所示。

方法三：使用"Ctrl+F4"组合键关闭当前文字文档。

图 1-21　利用鼠标右键快捷菜单关闭文字文档

1.1.4 标签管理

1. 窗口管理模式切换

WPS 文字支持自主切换窗口管理模式。传统"多组件模式"下，WPS 文字、WPS 表格、WPS 演示和 WPS PDF 这 4 大组件分别单独使用不同窗口，桌面生成 4 个相应图标。新版"整合模式"下，多种类型的文档标签都聚合进同一窗口界面中，桌面只生成唯一图标。如果想进行窗口管理模式切换，可参照以下操作方法。

单击"首页"标签，打开 WPS 首页，单击"全局设置"按钮，在弹出的下拉菜单中选择"设置"选项，打开"设置中心"对话框，选择"切换窗口管理模式"选项，在弹出的对话框中选择想要的窗口管理模式，单击"确定"按钮后重启 WPS 文字使设置生效，如图 1-22 所示。

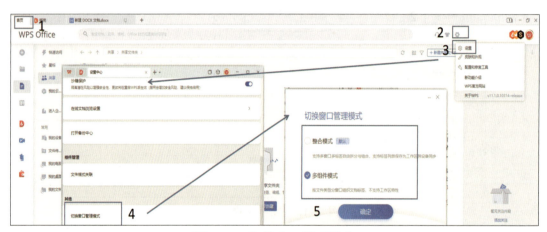

图 1-22　切换窗口管理模式

注意：该操作需要重启 WPS 文字，请提前关闭所有文字文档以免造成数据丢失。

2. 文字文档标签拆分组合

WPS 文字可以实现多标签页的自由拆分和组合，还可以将标签保存到自定义的工作区，让文字文档管理更高效。

（1）更改标签顺序

拖动文字文档标签，可以更改标签排列顺序；还可以把标签设置成独立窗口或还原组合，如图 1-23 所示。

图 1-23　拖动文字文档标签

（2）查看、切换工作区状态

单击标签栏右侧的"工作区 / 标签列表"按钮，可以查看和切换工作区状态，如图 1-24 所示。

图 1-24　查看、切换工作区状态

注意："多组件模式"不支持将标签列表保存为工作区，在体验工作区特性前，需先将窗口管理模式切换至"整合模式"。关闭 WPS 文字之后，"我的工作区"状态会自动留存，重新打开 WPS 文字之后可以快速选中特定的工作区，其包含的所有文字文档标签会自动还原。

1.2　文字文档的编辑

学 思 践 悟

网络时代，我们每天都在接触和传播信息。但如何正确、合规地处理信息，是我们必须思考的问题。在编辑文字时，要尊重知识产权，避免抄袭和未经授权的引用，培养诚信意识。同时，警惕网络谣言，做到不信谣、不传谣，共同维护健康的信息环境。

学 习 目 标

本节的学习目标是使读者熟练掌握工具栏中相关文字编辑的操作，能插入图片、图形、图表、文本框、艺术字等对象并对其进行编辑；能插入表格并进行相关操作，如使用表格样式、设置表格属性等。

1.2.1 文本编辑

WPS 文字主要用于编辑文本，可以用来制作各种结构清晰、版式精美的文字文档。在制作文字文档之前，在文字文档中输入文本是最基本的操作，所以首先要学习如何录入文字文档的内容。

1. 录入文本

（1）录入文本内容

录入文本是指在 WPS 文字编辑区的文本插入点处输入所需的内容。

文本插入点就是在文字文档编辑区中不停闪烁的指针，当用户在文字文档中输入内容时，文本插入点会自动后移，输入的内容也会显示在屏幕上。

在录入文本内容时，可以根据需要选择录入中文文本或英文文本。录入英文文本的方法非常简单，直接按字母键即可；若要录入中文文本，则需要先切换到合适的中文输入法再进行操作。

在文字文档中输入文本前，首先要定位好文本插入点，通常通过单击进行定位。定位好文本插入点后，切换到自己常用的输入法，即可输入相应的文本内容。当输入文本满一行后，插入点会自动转到下一行；在没有输满一行文字的情况下，若需要开始新的段落，可按 Enter 键换行。

（2）在文字文档中插入特殊符号

在录入文本内容时，经常会遇到需要输入符号的情况。普通的标点符号和常用数学符号可以通过键盘直接输入，但一些特殊的符号，如★、ÿ、∑等，则需要利用 WPS 提供的插入特殊符号功能来输入，操作方法如下。

单击"插入"选项卡中的"符号"下拉按钮，在弹出的下拉面板中选择"其他符号"命令，如图 1-25 所示。

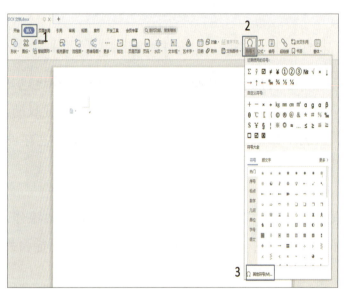

图 1-25　"其他符号"命令

打开"符号"对话框，在"子集"下拉列表框中选择需要应用的字符所在的子集，在下方的列表框中选中需要的字符，单击"插入"按钮，如图 1-26 所示。

此时文字文档中已插入了相应的符号，单击"符号"对话框中的"关闭"按钮即可，如图 1-27 所示。

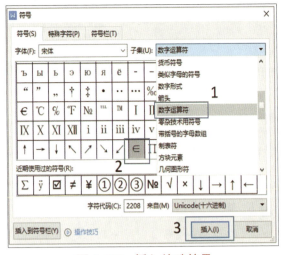

图 1-26　插入特殊符号

图 1-27　关闭"符号"对话框

2. 选中文本

对文本进行复制、移动或设置格式等操作前，要先将其选中，从而确定编辑的对象。

（1）选中连续的文本

通常情况下，直接拖拽鼠标就可以选中任意连续的文本，具体方法为：将光标移到要选中的文本开始处，然后按住鼠标左键不放并拖拽，直至需要选中的文本结尾处释放左键即可。被选中的文本区域一般呈灰底显示，若要取消文本的选中，单击编辑工作区的任意位置即可。

（2）选中分散文本

先拖拽鼠标选中第一个文本区域，再按住 Ctrl 键不放，继续拖拽鼠标选中其他不相邻的文本，选中完成后释放 Ctrl 键即可。

（3）选中单行或多行

将鼠标指针指向某行左边的空白处，即选中栏，单击即可选中该行全部文本。如果要选中多行文本，可以将鼠标指针移动到文字文档左侧选中栏，按住鼠标左键不放并向上或向下拖拽即可。

（4）选中区域文本

按住 Alt 键不放，然后按住鼠标左键拖拽出一块矩形区域，完成选中后释放 Alt 键即可选中矩形区域内的文本。

（5）选中一个段落

方法一：将鼠标指针指向某段落左边的空白处，即选中栏，双击即可选中该段落。

方法二：按住 Ctrl 键不放，同时单击需要选中的段落的任意位置，即可选中该段落。

方法三：将鼠标指针定位在某段落的任意位置，连续单击三次即可选中该段落。

（6）选中整篇文字文档

方法一：将鼠标指针指向编辑区左边的空白处，连续单击三次即可选中整篇文字文档。

方法二：使用"Ctrl+A"组合键，可快速选中整篇文字文档。

3. 复制和移动文本

在编辑文字文档时，复制和移动文本是最常用的操作，熟练掌握这两个操作，可以加快文字文档的编辑速度。

（1）复制文本

选中要复制的文本内容，单击"开始"选项卡中的"复制"按钮或按"Ctrl+C"组合键，将光标插入点定位到文字文档中的目标位置，然后单击"开始"选项卡中的"粘贴"按钮或按"Ctrl+V"组合键，即可把选中的文字复制到目标位置。

（2）移动文本

选中要移动的文本内容，单击"开始"选项卡中的"剪切"按钮或按"Ctrl+X"组合键，将光标插入点定位到文字文档中的目标位置，然后单击"开始"选项卡中的"粘贴"按钮或按"Ctrl+V"组合键，即可把选中的文字移动到目标位置。

4. 删除文本

在编辑文字文档的过程中，如果发现文本输入错误或输入了多余的文本，可以将其删除。删除文本的方法有以下 3 种。

（1）直接按 Backspace 键可以删除插入点之前的文本。

（2）直接按 Delete 键可以删除插入点之后的文本。

（3）选中要删除的文本，然后按 Backspace 键或 Delete 键均可删除文本。

5. 查找和替换

在编辑文字文档的过程中，熟练使用查找和替换功能，可以简化某些重复的编辑过程，提高工作效率。

（1）查找文本

查找功能可以查找指定的内容是否出现在文字文档中并定位该内容的具体位置，它可以在文字文档中查找任意字符，包括中文、英文、数字、标点符号等。

单击"开始"选项卡中的"查找替换"下拉按钮，在弹出的下拉菜单中选择"查找"命令，打开"查找和替换"对话框，在"查找内容"文本框中输入要查找的内容，单击"查找下一处"按钮，此时系统会自动从光标插入点所在位置向下开始查找，找到的第一个目标内容，会以选中的形式显示，如图 1-28 所示。

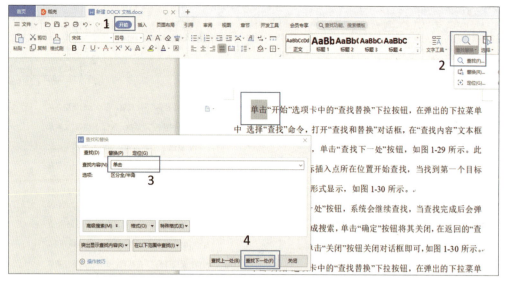

图 1-28　查找文本

若继续单击"查找下一处"按钮，则系统会继续向下查找，当查找完成后会弹出"WPS 文字"对话框提示完成搜索，单击"确定"按钮将其关闭，在返回的"查找和替换"对话框中单击"关闭"按钮关闭对话框即可，如图 1-29 所示。

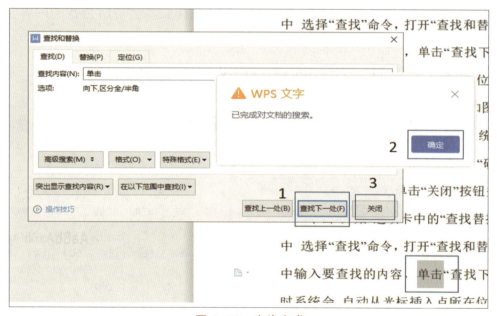

图 1-29　查找完成

（2）替换文本

如果文字文档有多处相同的错误，那么可以使用替换功能查找并替换为其他文本。

单击"开始"选项卡中的"查找替换"下拉按钮，在弹出的下拉菜单中选择"替换"命令，系统会打开"查找和替换"对话框，并自动定位到"替换"选项卡。将光标定位到"查找内容"文本框中，输入要查找的内容；再将光标定位到"替换为"文本框中，输入要替换的内容，单击"全部替换"按钮，如图 1-30 所示。

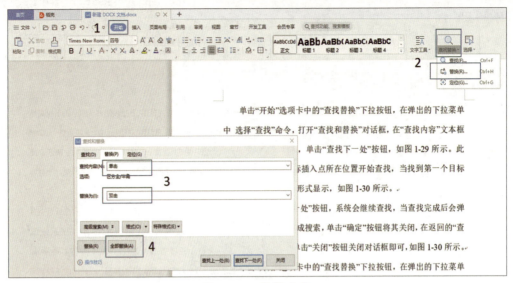

图1-30　替换文本

操作完成后会弹出"WPS文字"对话框提示替换完成，单击"确定"按钮将其关闭，在返回的"查找和替换"对话框中单击"关闭"按钮关闭对话框即可。

注意： 在"查找和替换"对话框中，如果只在"查找内容"文本框中输入需要查找的内容，而"替换为"文本框保持空白，那么在执行替换操作后，会将所查找的内容全部删除。

6. 撤销和恢复

在录入或编辑文字文档时，若操作失误，则可以使用撤销和恢复功能，返回之前的文本。

（1）撤销

单击快速访问工具栏中的"撤销"下拉按钮，在弹出的下拉菜单中选择需要撤销的操作即可，如图1-31所示。

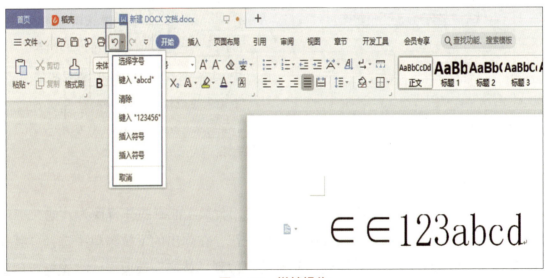

图1-31　撤销操作

注意： 单击"撤销"按钮，可以撤销上一步操作。多次单击"撤销"按钮，可以一步一步地退回到操作之前的文本。

（2）恢复

如果在撤销后觉得撤销的步骤过多，那么可以单击快速访问工具栏中的"恢复"按钮进行恢复。

1.2.2 表格编辑

表格在 WPS 文字中也十分常用，它不仅可以简化文字表述，还能使排版更加美观，所以掌握表格的创建和编辑十分重要。

1. 插入表格

WPS 文字提供了以下 3 种插入表格的方法。

（1）使用虚拟表格

将插入点定位在需要插入表格的位置，单击"插入"选项卡中的"表格"下拉按钮，在弹出的下拉菜单中使用鼠标拖拽虚拟表格，选中需要的行数和列数，如图 1-32 所示。插入表格后在单元格中输入文本内容即可。

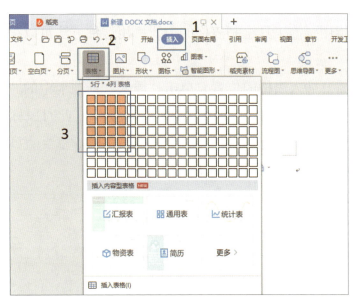

图 1-32　使用虚拟表格插入表格

注意：通过拖拽虚拟表格来快速创建表格虽然方便、快捷，但是这样创建的表格最多只能有 8 行 17 列，而且只适用于创建行与列都很规则的表格。

（2）使用"插入表格"对话框

当需要插入的表格超过 8 行或 17 列时，就无法通过虚拟表格功能插入此表格了，此时可通过"插入表格"对话框来完成。

将插入点定位在需要插入表格的位置，单击"插入"选项卡中的"表格"下拉按钮，在弹出的下拉菜单中选择"插入表格"命令，弹出"插入表格"对话框，如图 1-33 所示。在"表格尺寸"选区的"列数"和"行数"数值框中分别设置表格的列数和行数，然后单击"确定"按钮即可。

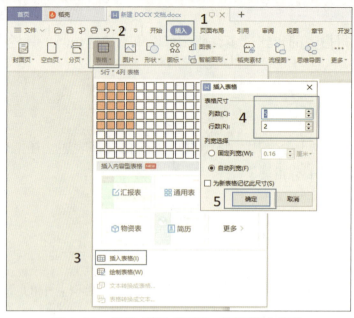

图1-33　使用"插入表格"对话框插入表格

（3）手动绘制表格

手动绘制表格是指用画笔工具绘制表格的边线，用这种方法可以很方便地绘制出各种不规则的表格。

将插入点定位在需要插入表格的位置，单击"插入"选项卡中的"表格"下拉按钮，在弹出的下拉菜单中选择"绘制表格"命令，如图1-34所示。此时鼠标指针呈笔状，在合适的位置按住鼠标左键并拖拽，光标经过的地方会出现表格的虚框，直到绘制出所需要的表格的行、列数后，释放鼠标左键，如图1-35所示。

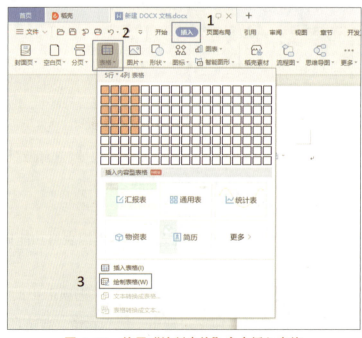

图1-34　使用"绘制表格"命令插入表格

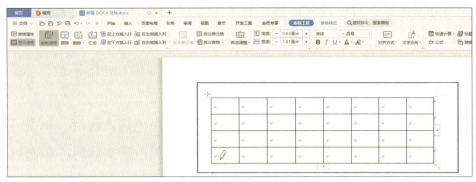

图1-35 手动绘制表格

此时绘制出的是标准行、列的表格。若想绘制非标准的表格，则需拖拽鼠标在需要的位置绘制，如图1-36所示。

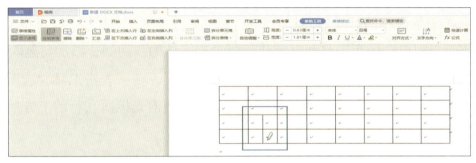

图1-36 绘制单元格

如果绘制出错，可以进行擦除。单击"表格工具"选项卡中的"擦除"按钮，鼠标指针呈橡皮擦状，在需要擦除的线上单击或拖拽鼠标即可擦除，如图1-37所示。

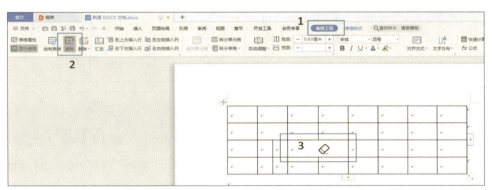

图1-37 擦除表格

2. 调整表格

表格创建完成后，就可以在表格中输入数据。在输入数据的过程中，经常需要对表格进行行列的增减、选取单元格数据、调整行高与列宽等操作。

（1）表格对象的选取

对表格进行各种操作前，需要先选中操作对象。

①选中单个单元格：将鼠标指针指向某单元格的左侧，待指针呈黑色箭头状时，单击即可选中该单元格。

②选中连续的单元格：将鼠标指针指向某个单元格的左侧，当指针呈黑色箭头状时按住鼠标左键并拖拽，拖拽的起始位置到终止位置之间的单元格将被选中。

③选中分散的单元格：选中第一个要选中的单元格后按住 Ctrl 键不放，然后依次选中其他分散的单元格即可。

④选中一行：将鼠标指针指向某行的左侧，待指针呈白色箭头状时，单击可选中该行。

⑤选中一列：将鼠标指针指向某列的上方，待指针呈黑色箭头状时，单击可选中该列。

⑥选中连续的单元格（行或列）：单击需要选中的起始单元格（行或列），按住 Shift 键不放，然后单击终止位置的单元格（行或列）即可。

⑦选中整个表格：将鼠标指针指向表格时，表格的左上角会出现标志 ⊞，单击该标志，即可选中整个表格。

（2）添加与删除表格的行或列

创建表格后，可能会因为表格数据变化而更改表格结构，例如，添加与删除行或列。

①添加行或列：将光标定位到需要添加行或列的位置，在"表格工具"选项卡中选择插入行或列的位置，如单击"在上方插入行"命令，即在当前光标所在行的上方插入一行，如图 1-38 所示。

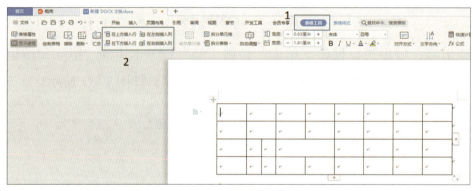

图 1-38　添加行或列

②删除行或列：选中要删除行或列中的任意单元格，单击"表格工具"选项卡中的"删除"下拉按钮，在弹出的下拉菜单中选择要删除的选项，如选择"行"则选中的单元格所在行将被删除，如图 1-39 所示。

图 1-39　删除行或列

（3）设置表格的属性

在文字文档中插入的表格的行高和列宽、表格的对齐方式和文字环绕方式都是默认的，可以通过设置表格属性对其进行调整。

①调整行高和列宽：选中要调整行高或列宽的单元格，单击"表格工具"选项卡中的"表格属性"按钮，打开"表格属性"对话框，在"行"或"列"选项卡中调整高度值和宽度值即可，如图1-40所示。

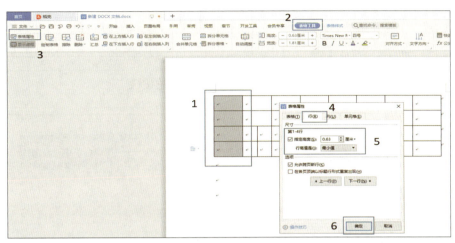

图1-40　调整行高和列宽

②调整表格对齐方式和文字环绕方式：将光标定位到表格中的任意单元格，单击"表格工具"选项卡中的"表格属性"按钮，打开"表格属性"对话框，在"表格"选项卡中设置"对齐方式"和"文字环绕"即可，如图1-41所示。

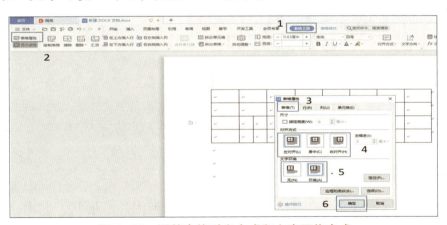

图1-41　调整表格对齐方式和文字环绕方式

3. 套用表格样式

WPS文字提供了丰富的表格样式库，使用户可以直接应用内置的表格样式，快速完成表格的美化操作，操作方法如下。

将光标定位到表格中的任意单元格，单击"表格样式"选项卡中的"表格样式库"下拉按钮，如图1-42所示。在打开的内置表格样式列表中选择一种合适的样式，单击，即可将表格设置成所选内置样式的效果，如图1-43所示。

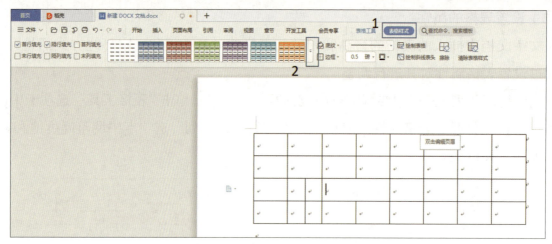

图 1-42 "表格样式库"下拉按钮

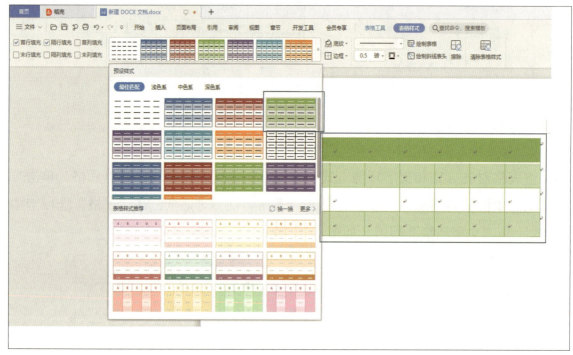

图 1-43 套用表格样式

1.2.3 插入对象

在文字文档中，除输入文本和插入表格外，还会用到图片、形状、艺术字等元素。这些元素有时以主要内容的形式存在，有时只是用来修饰文字文档。如果合理地使用这些元素，就能使文字文档更具艺术性和可读性，而且能更有效地发挥文字文档的作用。

1. 插入图片

制作文字文档时，可以在适当的位置插入一些图片作为补充说明，操作方法如下。

单击"插入"选项卡中的"图片"按钮，打开"插入图片"对话框，在"位置"栏中选择要插入图片的所在位置，选择要插入的图片，单击"打开"按钮，即可将所选图片插入到文字文档中，如图 1-44 所示。

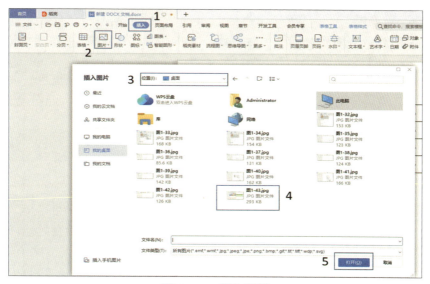

图1-44　插入图片

2. 插入图表

有时需要在文字文档中插入图表作为辅助说明，操作方法如下。

单击"插入"选项卡中的"图表"下拉按钮，在弹出的下拉菜单中选择"图表"命令，在弹出的"插入图表"对话框中选择合适的图表类型，单击"插入"按钮，即可在文字文档中插入图表，如图1-45所示。

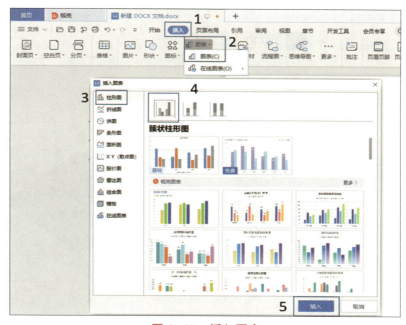

图1-45　插入图表

3. 插入形状

在WPS文字中提供了插入形状功能，可在文字文档中插入各种各样的形状，操作方法如下。

单击"插入"选项卡中的"形状"下拉按钮，在弹出的下拉面板中选择需要的形状，如"菱形"，如图1-46所示。

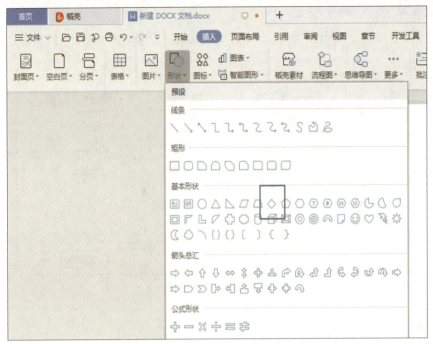

图 1-46　选择形状

此时，光标将变成"+"，按住鼠标左键拖拽到合适的位置后，释放鼠标左键，即可插入所需的形状，如图 1-47 所示。

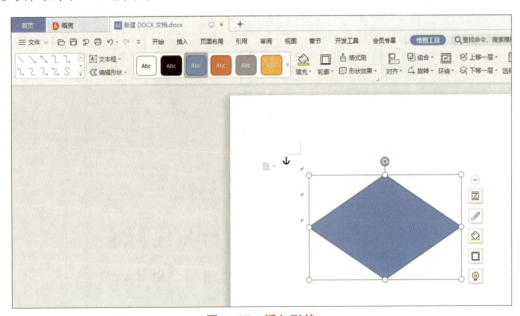

图 1-47　插入形状

4. 插入水印

对于商务文字文档或公文，有时候需要根据情况为文字文档内容添加水印，以体现文字文档的专业性。WPS 文字可以添加文字和图片两种类型的水印，操作方法如下。

（1）添加图片水印

单击"插入"选项卡中的"水印"下拉按钮，在弹出的下拉菜单中选择"插入水印"命令，如图 1-48 所示。

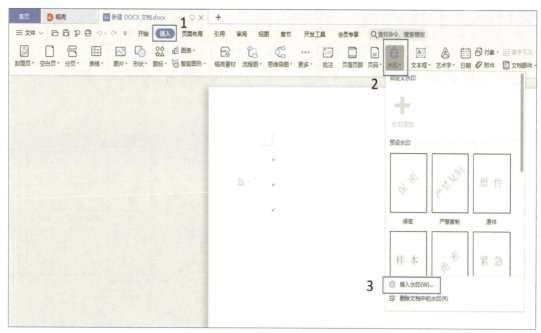

图 1-48　选择"插入水印"命令

打开"水印"对话框，勾选"图片水印"复选框，单击"选择图片"按钮，打开"选择图片"对话框，选中想要设置为水印的图片，单击"打开"按钮，返回"水印"对话框，单击"确定"按钮即可完成图片水印的设置，如图 1-49 所示。

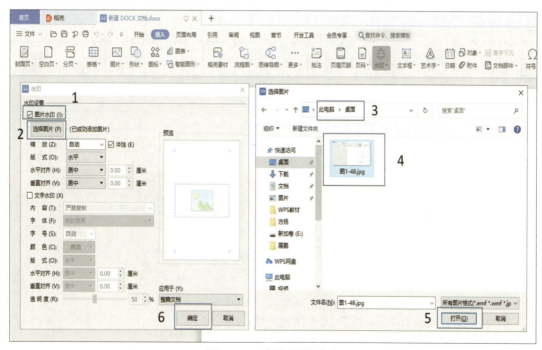

图 1-49　插入图片水印

（2）添加文字水印

单击"插入"选项卡中的"水印"下拉按钮，在弹出的下拉菜单中选择"预设水印"或"插入水印"命令来自定义水印，如图 1-50 所示。

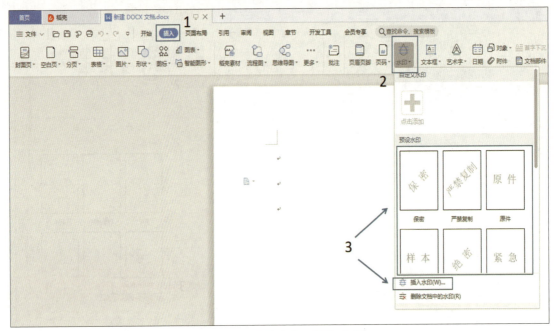

图 1-50　预设水印 / 插入水印

当选择"插入水印"命令后，在弹出的"水印"对话框中勾选"文字水印"复选框，并在下方设置内容、字体、字号等参数，单击"确定"按钮即可完成文字水印的设置，如图 1-51 所示。

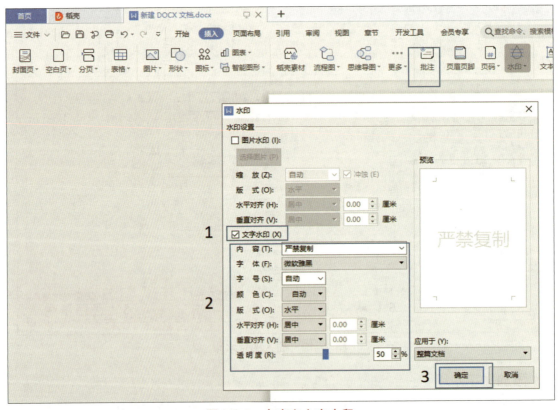

图 1-51　自定义文字水印

如需删除水印，可以单击"插入"选项卡中的"水印"下拉按钮，在弹出的下拉菜单中选择"删除文档中的水印"命令，将水印去掉，如图 1-52 所示。

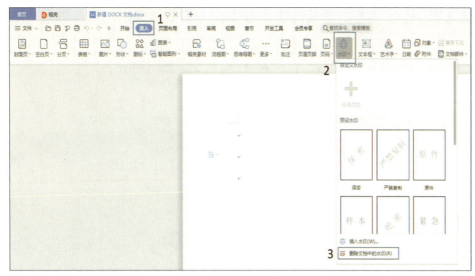

图1-52　删除水印

5. 插入条形码

条形码多用于物流、食品、医学和图书等行业，使用WPS文字也可以很方便地制作条形码，制作方法如下。

单击"插入"选项卡中的"更多"下拉按钮，在弹出的下拉菜单中选择"条形码"命令，打开"插入条形码"对话框，在"编码"下拉列表框中选择编码类型，在"输入"文本框中输入产品的数字代码，单击"插入"按钮，如图1-53所示。返回文字文档，即可看到创建的条形码。

注意： 如果"插入"选项卡中没有"条形码"按钮，可单击"更多"下拉按钮，选择"条形码"命令。

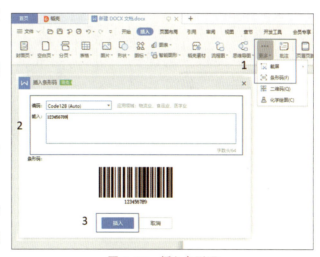

图1-53　插入条形码

6. 插入文本框

文本框是指一种可移动、可调大小的文字或图形容器。使用文本框可以在一页上放置多个文字块，并且可以将文字以不同的方向排列。

如果要在文字文档的任意位置插入文本，那么可以使用文本框来完成。文本框分为横向文本框和竖向文本框两类，操作方法如下。

单击"插入"选项卡中的"文本框"下拉按钮，在弹出的下拉菜单中选择"横向"或"竖向"命令，如图1-54所示。

图1-54　选择文本框

此时，光标将变成"+"，按住鼠标左键拖拽文本框到合适的大小，释放鼠标左键，即在文字文档中插入了一个文本框，然后在文本框中输入需要的文字即可，如图 1-55 所示。

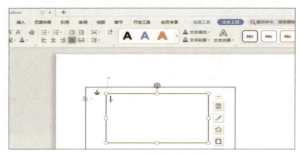

图 1-55　插入文本框

7. 插入艺术字

为了提升文字文档的艺术性，经常需要在文字文档中插入一些具有艺术效果的文字，这种文字被称为艺术字。艺术字是以普通文字为基础，经过专业的字体设计师艺术加工的变形字体，这些字体特点符合文字含义，具有美观有趣、易认易识、醒目张扬等特性，是一种有图案意味或装饰意味的字体变形。

WPS 文字提供了多种艺术字样式，用户可以根据需要插入艺术字，操作方法如下。

单击"插入"选项卡中的"艺术字"下拉按钮，在弹出的下拉面板中选择一种艺术字样式，如图 1-56 所示。

图 1-56　选择艺术字样式

此时，在文字文档中将插入艺术字占位符"请在此放置您的文字"，如图 1-57 所示。直接输入需要的文字，即可插入艺术字。

图 1-57　插入艺术字

8. 插入公式

编辑专业的数学文字文档时，经常需要添加数学公式，此时可以使用 WPS 文字提供的插入公式命令。

将光标定位到需要插入公式的位置，单击"插入"选项卡中的"公式"按钮，如图 1-58 所示。打开"公式工具"选项卡，输入公式内容即可，如图 1-59 所示。输入完毕后，在文字文档的空白处单击即可退出公式编辑状态。

图 1-58　"公式"按钮

图 1-59　输入公式

9. 插入智能图形

WPS 文字中还提供了一些常用的智能图形模板，用户可以根据需要选择相应的模板来绘制图形。

将光标定位到需要插入智能图形的位置，单击"插入"选项卡中的"智能图形"按钮，打开"选择智能图形"对话框，选择一种合适的智能图形样式，单击"确定"按钮，如图 1-60 所示。

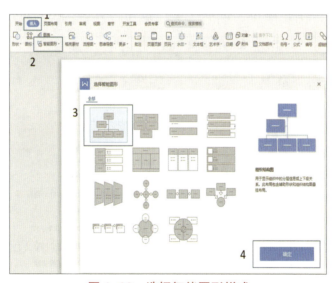

图 1-60　选择智能图形样式

此时，文字文档中将插入所选择的智能图形样式，如图 1-61 所示。在"文本"处直接输入文字即可。

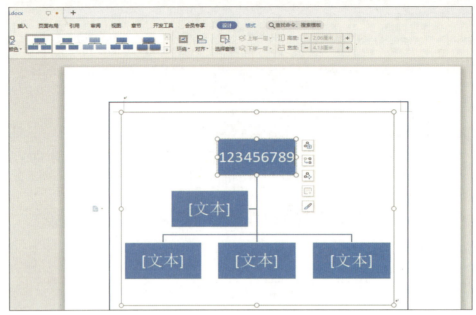

图 1-61　插入智能图形

10. 截图取字

WPS 文字还有一个非常强大的特色功能，就是截图取字，它可以一键提取图片中的文本内容。

单击"插入"选项卡中的"更多"下拉按钮，在弹出的下拉菜单中选择"截屏"命令，在打开的子菜单中选择"屏幕截图"命令，如图 1-62 所示，进入截屏状态。按住鼠标左键拖拽，选中需要截取的文字，单击"提取文字"按钮，如图 1-63 所示。

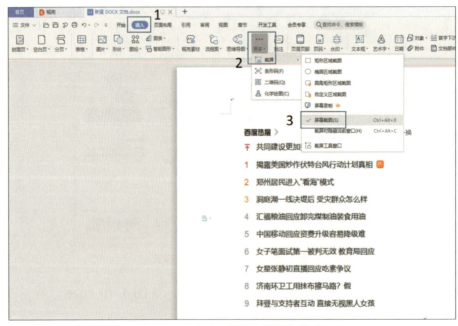

图 1-62　选择"屏幕截图"命令

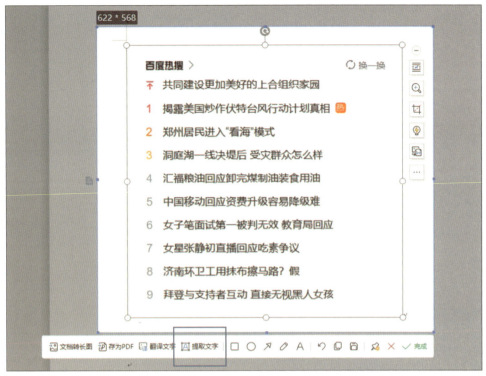

图 1-63　提取文字

在弹出的"WPS 截图取字"对话框中将出现提取的图片文字，单击"复制"按钮完成文本复制，再单击右上角的"关闭"按钮关闭对话框。如图 1-64 所示。

图 1-64　提取并复制文字

将光标定位在需要插入截取文字的位置，单击"开始"选项卡中的"粘贴"按钮，即可将截取的文字插入到文字文档中，如图 1-65 所示。

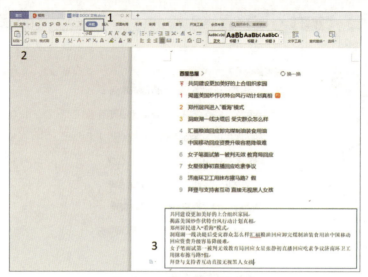

图1-65　插入截取的文字

截图取字功能也支持截取文字文档之外的内容，如直接截取网页内的文字。这个功能在遇到其他无法复制的文字区域、PDF文件等情况时也同样适用。操作时只需单击"插入"选项卡中的"更多"下拉按钮，在弹出的下拉菜单中选择"截屏"命令，在打开的子菜单中选择"截屏时隐藏当前窗口"命令，如图1-66所示。

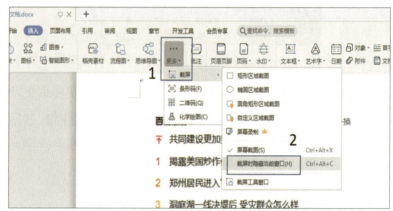

图1-66　选择"截屏时隐藏当前窗口"命令

1.3　文字文档的排版

学 思 践 悟

版式设计不仅仅是美观的问题，更是一种职业素养的体现。清晰有序的排版能提升阅读体验，提高信息的传达效率。学习排版的过程中，我们要培养耐心与细心的工作态度，关注细节，注重逻辑，让每一份文档都能专业、规范地呈现出来。

学 习 目 标

本节的学习目标是使读者熟练掌握文字、段落的格式设置；掌握图文混排、页面设置等操作；能为段落设置项目符号；能通过文字格式、段落格式、图文混排等操作使文字文档的整体结构更加清晰明了。

1.3.1 文字格式设置

为了使文字文档更加美观，常常需要对文字文档的字体格式进行设置，如字体、字号、字体颜色等。通过这些简单的编辑操作，可以使文字文档更加严谨精致。

1. 设置字号

选中要设置字号的文本，单击"开始"选项卡中的"字号"组合框下拉按钮，在弹出的下拉列表中选择合适的字号，如"二号"，如图1-67所示。操作完成后即可看到设置后的效果。

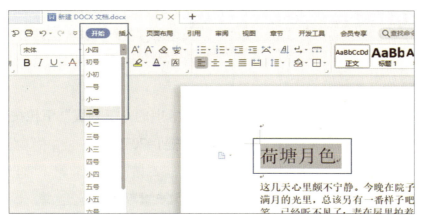

图1-67　设置字号

2. 设置字体

选中要设置字体的文本，单击"开始"选项卡中的"字体"组合框下拉按钮，在弹出的下拉列表中选择合适的字体，如"楷体"，如图1-68所示。操作完成后即可看到设置后的效果。

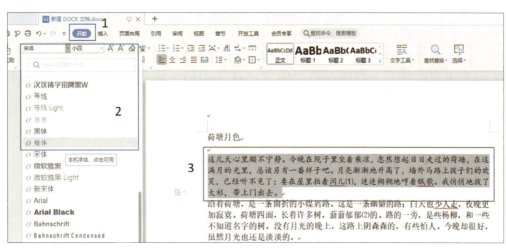

图1-68　设置字体

3. 设置字形

（1）设置字体的加粗和倾斜效果

选中要设置的文本，单击"开始"选项卡中的"加粗"或"倾斜"按钮，即可看到设置后的效果，如图1-69所示。

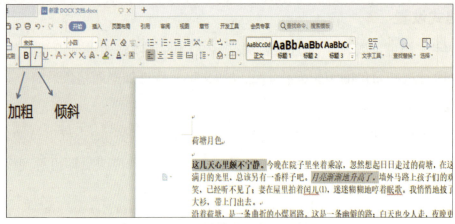

图 1-69　设置字体的加粗和倾斜效果

（2）为文字添加下划线

选中要添加下划线的文本，单击"开始"选项卡中的"下划线"下拉按钮，在弹出的下拉菜单中选择下划线样式，完成下划线的添加，如图 1-70 所示。

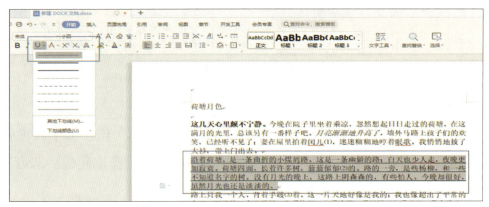

图 1-70　添加下划线

如果要为下划线设置颜色，那么可以再次单击"开始"选项卡中的"下划线"下拉按钮，在弹出的下拉菜单中选择"下划线颜色"命令，在弹出的子面板中选择一种颜色，如图 1-71 所示。操作完成后即可看到设置后的效果。

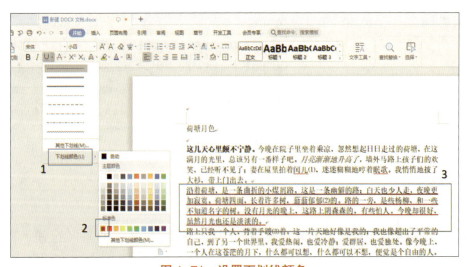

图 1-71　设置下划线颜色

（3）设置带圈字符样式

选中要设置带圈效果的文本，单击"开始"选项卡中的"拼音指南"下拉按钮，在弹出的下拉菜单中选择"带圈字符"命令，如图 1-72 所示。

图 1-72　选择"带圈字符"命令

在打开的"带圈字符"对话框中，在"样式"选区选择样式，在"圈号"选区设置文字和圈号样式，单击"确定"按钮，如图 1-73 所示。操作完成后即可看到设置后的效果。

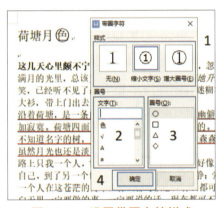

图 1-73　设置带圈字符样式

4. 设置字体颜色

选中要设置颜色的文本，单击"开始"选项卡中的"字体颜色"下拉按钮，在弹出的下拉面板中选择合适的颜色即可，如图 1-74 所示。

图 1-74　设置字体颜色

如果没有合适的颜色，那么可以选择"其他字体颜色"命令，打开"颜色"对话框，在"标准"选项卡中选择一种颜色，单击"确定"按钮，如图 1-75 所示。操作完成后即可看到设置后的效果。

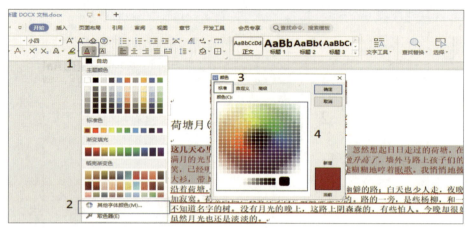

图 1-75 设置其他颜色

5. 设置字符间距

字符间距是指各字符间的距离，通过调整字符间距可使文字排列得更紧凑或更松散。为了使文字文档的版面更加协调，可以根据需要设置字符间距，操作方法如下。

选中要设置字符间距的文本，单击"开始"选项卡中的"字体"对话框启动器按钮，打开"字体"对话框，在"字符间距"选项卡的"间距"下拉列表中选择"加宽"选项，在右侧的"值"数值框中设置字符的间距值，单击"确定"按钮，如图 1-76 所示。操作完成后，即可看到设置后的效果。

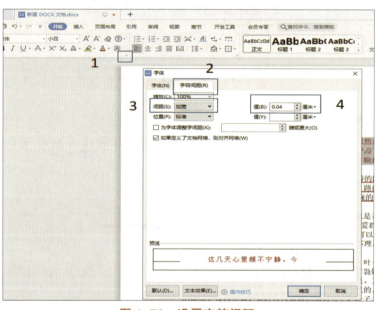

图 1-76 设置字符间距

6. 设置字符边框

在文字文档编辑的过程中，可以为文本添加边框来增强视觉效果，操作方法如下。

选中要设置字符边框的文本，单击"开始"选项卡中的"边框"下拉按钮，在弹出的下拉菜单中选择"边框和底纹"命令，如图 1-77 所示。

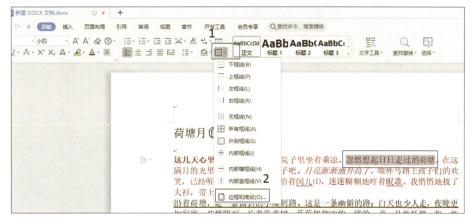

图 1-77　选择"边框和底纹"命令

打开"边框和底纹"对话框，在"边框"选项卡的"设置"选区选择"方框"选项，在"线型"列表框中选择边框的线条样式，在"颜色"下拉列表框中选择边框颜色，在"宽度"下拉列表框中选择边框宽度，在右下角的"应用于"下拉列表框中选择"文字"，单击"确定"按钮即可完成设置，如图 1-78 所示。

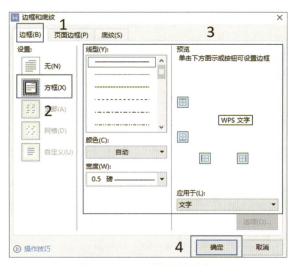

图 1-78　设置字符边框

7. 设置字符底纹

WPS 文字还可以为文本设置不同颜色、样式的底纹来突出视觉效果，操作方法如下。

选中要设置字符底纹的文本，单击"开始"选项卡中的"边框"下拉按钮，在弹出的下拉菜单中选择"边框和底纹"命令（见图 1-77）。

打开"边框和底纹"对话框，在"底纹"选项卡的"填充"下拉列表框中设置底纹颜色，在"样式"下拉列表框中选择一种合适的底纹图案样式，在"颜色"下拉列表框中设置底纹图案的颜色，最后在右下角的"应用于"下拉列表框中选择"文字"，单击"确定"按钮即可完成设置，如图 1-79 所示。

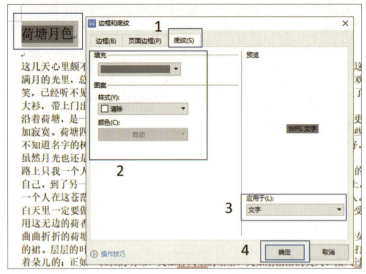

图 1-79　设置字符底纹

1.3.2 段落格式设置

对文字文档进行排版时，通常会以段落为基本单位进行操作。段落的格式设置主要包括对齐方式、缩进、间距、行距等，合理设置这些格式，可使文字文档结构清晰、层次分明。

1. 设置段落缩进

为了增强文字文档的层次感，提高可读性，可设置合适的段落缩进。段落缩进是指段落相对左、右页边距向内缩进一段距离，分为文本之前缩进、文本之后缩进、首行缩进和悬挂缩进 4 种常见的设置方式，具体操作方法如下。

（1）设置文本之前缩进或文本之后缩进

选中要设置段落缩进的文本，单击"开始"选项卡中的"段落"对话框启动器按钮，打开"段落"对话框，在"缩进和间距"选项卡中的"文本之前"或"文本之后"数值框中设置缩进量，单击"确定"按钮，如图 1-80 所示。操作完成后即可看到设置后的效果。

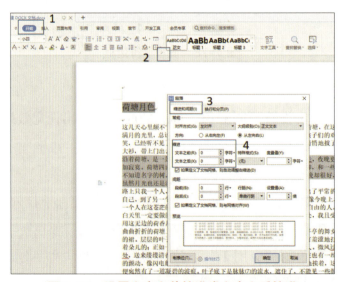

图 1-80　设置文本之前缩进或文本之后缩进

（2）设置首行缩进或悬挂缩进

选中要设置段落缩进的文本，单击"开始"选项卡中的"段落"对话框启动器按钮，打开"段落"对话框，在"缩进和间距"选项卡中的"缩进"选区中设置"特殊格式"为"首行缩进"或"悬挂缩进"，在"度量值"数值框中设置缩进量，单击"确定"按钮，如图 1-81所示。操作完成后即可看到设置后的效果。

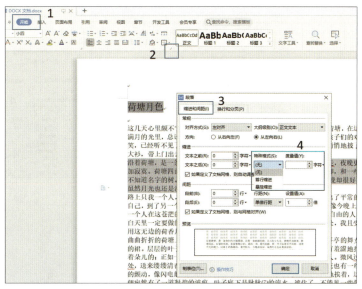

图 1-81　设置首行缩进或悬挂缩进

2. 设置段落对齐方式

不同的段落对齐方式对文字文档的版面效果有很大的影响。在 WPS 文字中，有左对齐、居中对齐、右对齐、两端对齐和分散对齐 5 种常见的对齐方式，具体操作方法如下。

选中要设置对齐方式的文本，单击"开始"选项卡中想要设置的对齐方式的按钮，如"居中对齐"按钮，即可完成对齐方式的设置，如图 1-82 所示。

图 1-82　设置段落对齐方式

3. 设置段间距和行距

段间距是指相邻两个段落之间的距离，包括段前距和段后距。相同的字体格式在不同的段间距和行距下的阅读体验是不相同的。只有将字体格式和段间距、行距设置成协调的比例时，才能有最舒适的阅读体验，具体操作方法如下。

选中要设置段间距和行距的文本，单击"开始"选项卡中的"段落"对话框启动器按钮，打开"段落"对话框，在"缩进和间距"选项卡中的"段前"或"段后"数值框中设置段间距值，在"行距"下拉列表框中选择合适的行距，在其后"设置值"数值框中设置行距值，单击"确定"按钮，如图1-83所示。操作完成后即可看到设置后的效果。

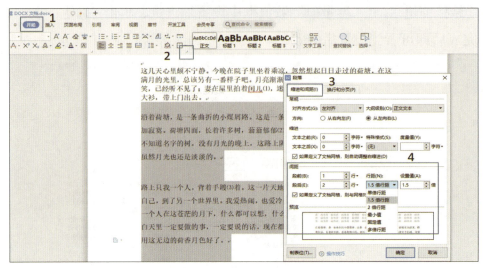

图1-83 设置段间距和行距

4. 设置首字下沉

首字下沉是将段落中的第一个字或开头几个字设置为不同的字体、字号，该类格式在报纸、杂志中比较常见，操作方法如下。

选中要设置首字下沉的文本，单击"插入"选项卡中的"首字下沉"按钮，打开"首字下沉"对话框，在"位置"选区中选择下沉的样式，在"选项"选区中设置下沉文本的"字体""下沉行数"和"距正文"的距离，单击"确定"按钮，如图1-84所示。操作完成后即可看到设置后的效果。

图1-84 设置首字下沉

1.3.3 项目符号设置 ●

项目符号实际上是在文字文档段落前添加强调效果的符号。当文字文档中存在一组并列关系的段落时，可以在段落前添加项目符号，操作方法如下。

选中要添加项目符号的段落，单击"开始"选项卡中的"项目符号"下拉按钮，在弹出的下拉菜单中选择一种合适的项目符号样式，如图1-85所示。操作完成后即可看到设置后的效果。

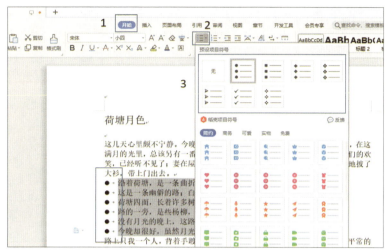

图1-85　设置项目符号

1.3.4 图文混排

在编辑文字文档的过程中，图文混排是常见的一类操作，但它却具有十分重要的意义和作用，掌握图文混排操作也是WPS文字操作的必备技能之一。合理的图文混排操作往往能使文字文档表现更有特色，同时读起来更易于理解。

1. 文字环绕

WPS文字提供了嵌入型、四周型环绕、紧密型环绕、衬于文字下方、浮于文字上方、上下型环绕和穿越型环绕7种文字环绕方式，不同的环绕方式可为阅读者带来不一样的视觉感受，操作方法如下。

选中要设置文字环绕方式的对象，单击"页面布局"选项卡中的"文字环绕"下拉按钮，在弹出的下拉菜单中选择一种文字环绕方式即可，如图1-86所示。

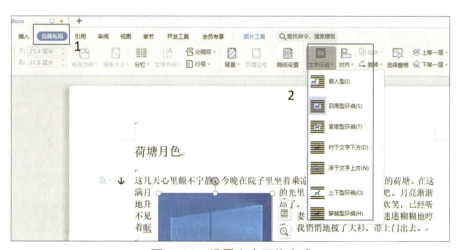

图1-86　设置文字环绕方式

2. 对齐

选中要设置对齐方式的一个或多个对象，单击"页面布局"选项卡中的"对齐"下拉按钮，在弹出的下拉菜单中选择一种对齐方式即可，如图 1-87 所示。

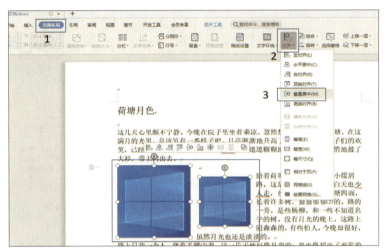

图 1-87　设置对齐方式

3. 组合

选中要设置组合的多个对象，单击"页面布局"选项卡中的"组合"下拉按钮，在弹出的下拉菜单中选择"组合"命令即可，如图 1-88 所示。

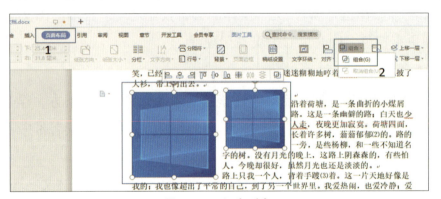

图 1-88　组合对象

如果要取消组合，那么可以选中要取消组合的对象，单击"页面布局"选项卡中的"组合"下拉按钮，在弹出的下拉菜单中选择"取消组合"命令即可，如图 1-89 所示。

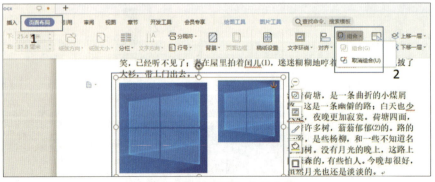

图 1-89　取消组合对象

4. 旋转

选中要设置旋转的对象，单击"页面布局"选项卡中的"旋转"下拉按钮，在弹出的下拉菜单中选择一种旋转方式即可，如图1-90所示。

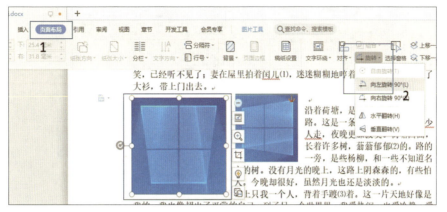

图1-90　旋转对象

1.3.5 页面设置

文字文档制作完成后，用户可根据实际情况，对页面布局进行设置，如设置页边距、纸张大小和纸张方向等，操作方法如下。

1. 设置页边距

文字文档的版心主要是指文字文档的正文部分，用户在设置页面属性的过程中，可以在对话框中对页边距进行设置，以达到控制版心大小的目的，操作方法如下。

单击"页面布局"选项卡中的"页边距"下拉按钮，在弹出的下拉菜单中选择内置的页边距，如图1-91所示。

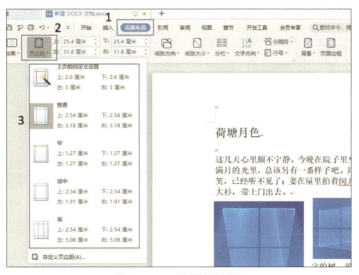

图1-91　设置页边距

如果内置的页边距不合适，那么可以选择"自定义页边距"命令，打开"页面设置"对话框，在"页边距"选项卡中的"页边距"选区设置上、下、左、右的距离，单击"确定"

按钮，即可完成页边距的设置，如图 1-92 所示。

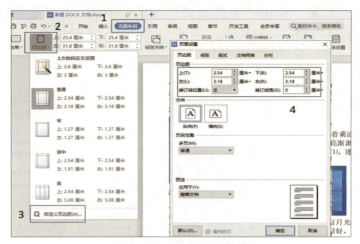

图 1-92　自定义页边距

2. 设置纸张大小

WPS 文字默认的文字文档页面大小为 A4，这也是最常用的页面大小，但 A4 并不适用于所有的文字文档。如果用户对默认的页面尺寸不满意，可以通过设置来改变纸张大小，操作方法如下。

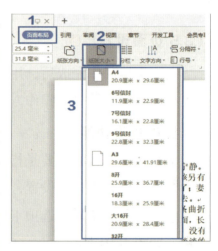

图 1-93　设置纸张大小

单击"页面布局"选项卡中的"纸张大小"下拉按钮，在弹出的下拉菜单中选择一种纸张大小即可，如图 1-93 所示。

如果没有合适的纸张大小，那么可以选择"其他页面大小"命令，打开"页面设置"对话框，在"纸张"选项卡中的"纸张大小"选区分别设置"宽度"和"高度"，单击"确定"按钮，如图 1-94 所示。

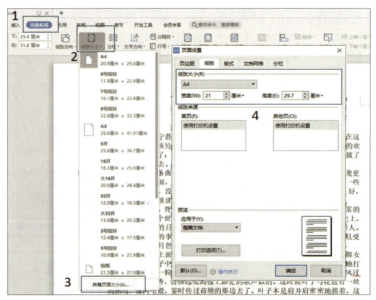

图 1-94　自定义纸张大小

3. 设置纸张方向

WPS 文字中纸张的默认方向为纵向，但某些文字文档适合以横向显示，此时可以重新设置纸张方向，操作方法如下。

单击"页面布局"选项卡中的"纸张方向"下拉按钮，在弹出的下拉菜单中选择"横向"或"纵向"命令，如图 1–95 所示。

图 1–95　设置纸张方向

4. 设置分栏

WPS 文字中的段落默认情况下是一栏，可以通过设置将段落分成多栏，操作方法如下。

选中要设置分栏的文本，单击"页面布局"选项卡中的"分栏"下拉按钮，在弹出的下拉菜单中选择一种分栏方式，如图 1–96 所示。

图 1–96　设置分栏

如果没有合适的分栏方式，那么可以选择"更多分栏"命令，打开"分栏"对话框，在"栏数"数值框中设置分栏数，在"宽度和间距"选区中分别设置各栏的"宽度"和"间距"，如果需要显示分隔线，可勾选"分隔线"复选框，设置完成后单击"确定"按钮，如图 1–97 所示。

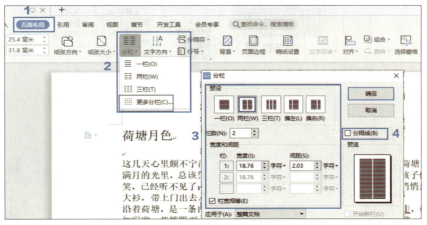

图 1–97　自定义分栏

5. 设置页面背景

文字文档的页面背景颜色默认为白色，如果用户希望使用其他颜色、纹理、图片、图案等作为页面背景，可以通过相应的设置来实现，操作方法如下。

（1）设置页面背景颜色

单击"页面布局"选项卡中的"背景"下拉按钮，在弹出的下拉菜单中选择一种主题颜色即可，如图 1–98 所示。

图 1-98　设置页面背景颜色

如果没有合适的颜色，那么可以选择"其他填充颜色"命令，打开"颜色"对话框，在"标准"选项卡中的"颜色"选区选择一种页面颜色，单击"确定"按钮，如图 1-99 所示。

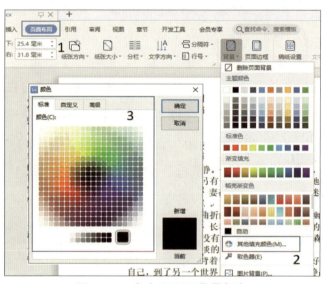

图 1-99　自定义页面背景颜色

（2）设置页面背景为纹理

单击"页面布局"选项卡中的"背景"下拉按钮，在弹出的下拉菜单中选择"其他背景"命令，在打开的子菜单中选择"纹理"命令，打开"填充效果"对话框，在"纹理"选项卡中的"纹理"列表框中选择一种纹理，单击"确定"按钮，如图 1-100 所示。

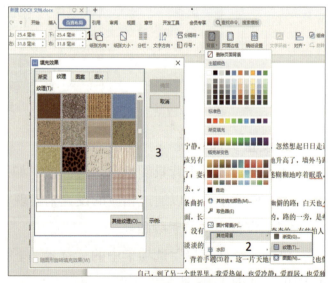

图 1-100　设置页面背景为纹理

6.设置页面边框

文字文档编辑完成后，为文字文档添加边框可以增强视觉效果，操作方法如下。

单击"页面布局"选项卡中的"页面边框"按钮，打开"边框和底纹"对话框，在"页面边框"选项卡中的"设置"选区中选择"方框"或"自定义"选项，在"线型"列表框中选择边框的线条样式，在"颜色"下拉列表框中选择边框颜色，在"宽度"下拉列表框中选择边框宽度，单击"确定"按钮即可完成设置，如图 1-101 所示。

图 1-101　设置页面边框

1.4　文字文档的输出与打印

学 思 践 悟

纸张是重要的办公资源，但过度打印会造成浪费。在日常办公中，我们可以通过双面打印、减少不必要的纸质文档、优先使用电子文档等方式践行绿色办公理念。节约不仅是一种经济意识，更是一种社会责任感。

学 习 目 标

本节的学习目标是使读者熟练掌握打印文字文档的操作，并学会将文字文档转换成 PDF、图片等格式的方法。

1.4.1 文字文档的输出 ○

WPS 文字可以进行多种文档格式的转换，用户不仅可以将文字文档转换为 PDF、图片等格式，还可以将图片和 PDF 文件转换为文字文档。

1. 将文字文档输出为 PDF 格式

单击"文件"按钮，在弹出的下拉菜单中选择"输出为 PDF"命令，在弹出的"输出为 PDF"对话框中设置输出的保存目录、页范围和 PDF 样式等，单击"开始输出"按钮，如图 1-102 所示。

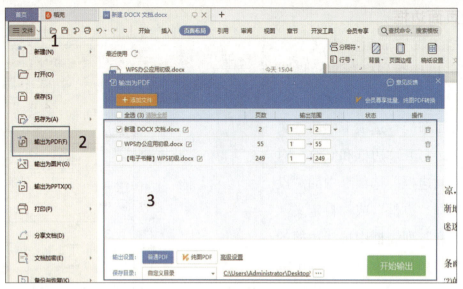

图 1-102　文字文档输出为 PDF 格式

输出完成后，会弹出"导出完成"提示对话框表示完成。

注意：在"输出为 PDF"对话框的"高级设置"选项卡中设置"密码"和"权限内容"，可以将文字文档输出为带权限控制的 PDF 文件。

2. 将文字文档输出为图片

WPS 文字可以将文字文档输出为高清图片和长图，方便用户在社交网络上发布内容。

单击"文件"按钮，在弹出的下拉菜单中选择"输出为图片"命令，在弹出的"输出为图片"对话框中，选择输出方式为"逐页输出"或"合成长图"，设置图片质量、输出格式和输出目录等，单击"输出"按钮，如图 1-103 所示。

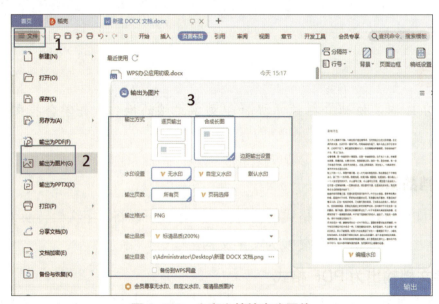

图 1-103　文字文档输出为图片

输出完成后，会自动弹出"输出成功"提示对话框表示输出成功，单击"打开"按钮即可看到已经输出为图片的文字文档。

1.4.2 文字文档的打印

文字文档的页面设置完成后，就可以将文字文档打印出来。在打印文字文档时，可以选择打印全部、打印当前页、打印部分页或双面打印等选项。

1. 打印预览

在文字文档制作完成后，用户大多都会打印出来，以纸张的形式呈现在大家面前。在打印之前，可以先预览文字文档，然后再执行打印操作，操作方法如下。

单击"文件"按钮，在弹出的下拉菜单中选择"打印"命令，在弹出的子菜单中选择"打印预览"命令，如图 1-104 所示。

预览之后，如果没有需要修改的地方，可以单击"打印预览"选项卡中的"直接打印"按钮打印文字文档；如果要退出打印预览界面，则单击"打印预览"选项卡中的"关闭"按钮，如图 1-105 所示。

图 1-104　选择"打印预览"命令

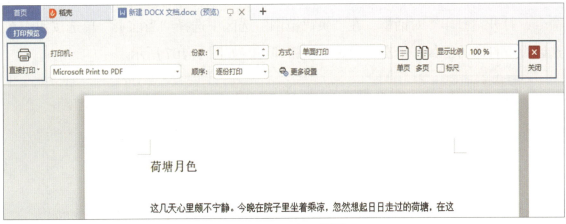

图 1-105　打印预览界面

2. 打印

打印文字文档包括打印全部、打印当前页、打印部分页、双面打印等操作。

（1）打印全部

单击"文件"按钮，在弹出的下拉菜单中选择"打印"命令，在弹出的子菜单中选择"打印"命令，打开"打印"对话框，在"页码范围"选区中选择"全部"单选按钮，在"副本"选区设置打印的份数，单击"确定"按钮即可，如图 1-106 所示。

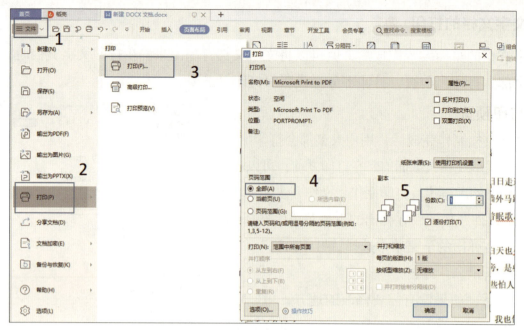

图 1-106　打印全部

（2）打印当前页

单击"文件"按钮，在弹出的下拉菜单中选择"打印"命令，在弹出的子菜单中选择"打印"命令，打开"打印"对话框，在"页码范围"选区中选择"当前页"单选按钮，在"副本"选区设置打印的份数，单击"确定"按钮即可，如图 1-107 所示。

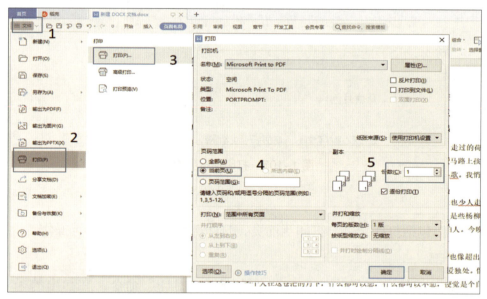

图 1-107　打印当前页

（3）打印部分页

单击"文件"按钮，在弹出的下拉菜单中选择"打印"命令，在弹出的子菜单中选择"打印"命令，打开"打印"对话框，在"页码范围"选区中选择"页码范围"单选按钮并设置要打印的页码，如"5-8"或"1,3,5,7"等，在"副本"选区设置打印的份数，单击"确定"按钮即可，如图 1-108 所示。

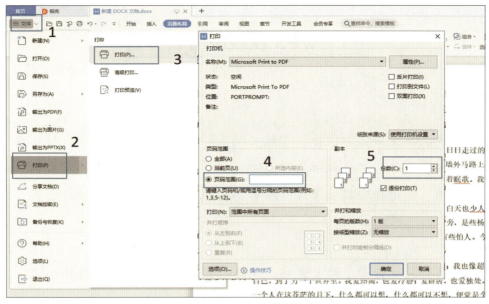

图 1-108　打印部分页

（4）双面打印

默认情况下，文字文档都是单面打印，这样会浪费大量的纸张，如果要解决这个问题，可通过双面打印来实现，操作方法如下。

单击"文件"按钮，在弹出的下拉菜单中选择"打印"命令，在弹出的子菜单中选择"打印"命令，打开"打印"对话框，勾选"双面打印"复选框，在"副本"选区设置打印的份数，单击"确定"按钮即可，如图 1-109 所示。

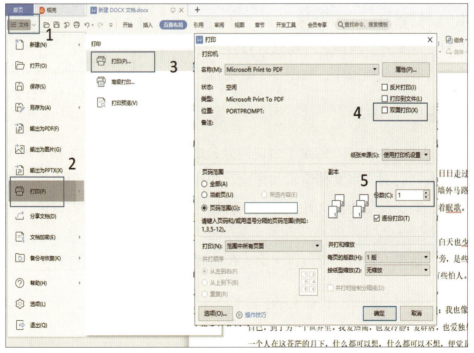

图 1-109　双面打印

打印完一面之后，将弹出提示对话框，按照提示将打印完的纸张放回送纸器中，然后单击"确定"按钮即可。

1.5　WPS 在线服务云办公

学 思 践 悟

　　云办公让信息共享变得更加便捷，但随之而来的信息安全问题不容忽视。在使用云存储和在线协作功能时，要注意文件权限管理，避免随意分享敏感信息。我们要树立数据安全意识，养成定期备份、使用强密码、谨慎处理重要文档的好习惯，防止信息泄露。

学 习 目 标

　　本节的学习目标是使读者了解云文档，能使用云服务进行团队云协作。

1.5.1 云文档

　　WPS Office 2019 版本已实现了云主机与云存储的集成，登录 WPS 账号后，文字文档可直接保存或上传到云端，并且可以通过任意计算机、手机随时随地打开、编辑、保存和分享，真正地摆脱了设备和地点的限制。

　　本地文字文档上传云端后，因个人办公计算机损坏而丢失的本地文字文档，可以在其他设备登录 WPS 账号后轻松找回，因编辑失误而丢失的原始文字文档，也可以在历史版本中一键还原。

　　单击右上角"云服务"按钮，可以进行打开、保存和查看全部历史版本等云文档操作，如图 1–110 所示。

图 1–110　云文档操作

1.5.2 云协作

　　WPS 云协作是以文档为中心的全平台协同办公服务，通过调用浏览器 Web Office 打开文字文档，支持多人同时对文字文档编辑和评论。协作痕迹全程记录，历史版本任意恢复，修改完毕自动保存，避免反复传输文件，让团队轻松完成协作撰稿、方案讨论、会议记录和资料共享等工作。

　　单击右上角"协作"按钮，可以进入多人编辑模式，对文字文档进行云协作操作，如图 1–111 所示。

图 1-111　云协作操作

注意： 云协作功能可以应用于 WPS 文字和 WPS 表格。本地文件在使用云协作操作时将会被先上传到云端，转换为协作文档。

1.6　WPS 文字练习题

学 思 践 悟

文字表达不仅关乎个人能力，更关系到职业形象。在完成练习的同时，请思考如何在日常工作中提高信息表达能力，做到表达精准、逻辑清晰、符合职业规范。

一、单选题

1. 在 WPS 文字中，使用（　　）选项卡可以完成页边距的调整工作。

　　A. 开始　　　　　　B. 页面布局　　　　　　C. 插入　　　　　　D. 视图

2. 在 WPS 文字中，使用（　　）组合键，可以关闭当前文档。

　　A.Ctrl+N　　　　　　B.Ctrl+C　　　　　　C.Ctrl+F4　　　　　　D.Ctrl+S

3. 在 WPS 文字的"打印"对话框中的"页码范围"选区中输入"2-5, 10, 12"，则（　　）。

　　A. 打印第 2 页至第 5 页、第 10 页、第 12 页

　　B. 打印第 2 页、第 5 页、第 10 页、第 12 页

　　C. 打印第 2 页至第 12 页

　　D. 打印第 2 页、第 5 页，第 10 页至第 12 页

4. 在 WPS 文字中可使用（　　）选项卡中的"纸张方向"命令来设置纸张方向。

　　A. 开始　　　　　　B. 插入　　　　　　C. 视图　　　　　　D. 页面布局

5. 在 WPS 文字中，插入的图片与文字之间的环绕方式不包括（　　）。

　　A. 上下型环绕　　　B. 左右型环绕　　　C. 四周型环绕　　　D. 紧密型环绕

6. 以下软件是文字处理软件的是（　　）。

　　A.WPS 文字　　　　B.WPS 表格　　　　C.Windows　　　　D.Flash

7. 在 WPS 文字的工作界面中，（　　　）用于标签切换和窗口控制。

　　A. 导航窗格　　　　B. 标签栏　　　　　　C. 功能区　　　　　　D. 状态栏

8. 在 WPS 文字中，如果想删除文档中的文字水印，首先要单击（　　　）选项卡。

　　A. 开始　　　　　　B. 页面布局　　　　　C. 插入　　　　　　D. 视图

9. 在 WPS 文字中，将某个词复制到插入点，应先将该词选中，再（　　　）。

　　A. 直接拖拽到插入点

　　B. 单击"剪切"按钮，再在插入点单击"粘贴"按钮

　　C. 单击"复制"按钮，再在插入点单击"粘贴"按钮

　　D. 单击"撤消"按钮，再在插入点单击"粘贴"按钮

10. 在 WPS 文字中，为了将图形置于文字的上一层，应将图形的环绕方式设为（　　　）。

　　A. 四周型环绕　　　　　　　　　　　　B. 衬于文字下方

　　C. 浮于文字上方　　　　　　　　　　　D. 无法实现

二、多选题

1. WPS 文字的工作界面除了编辑区、导航窗格、任务窗格、状态栏等部分，还包括（　　　）。

　　A. 标签栏　　　　　　B. 功能区　　　　　　C. 文本框　　　　　　D. 图片

2. 在 WPS 文字中，可以关闭当前文档的方式有（　　　）。

　　A. 单击标签栏上的"关闭"按钮

　　B. 用鼠标右键单击标签栏，在弹出的快捷菜单中选择"关闭"命令

　　C. 按"Ctrl+F4"组合键

　　D. 按"Alt+Esc"组合键

3. WPS 文字可以完成下面哪些操作？（　　　）

　　A. 插入表格　　　　B. 绘制图形　　　　　C. 截图取字　　　　D. 插入条形码

4. 在 WPS 文字的"打印"对话框中可以设置（　　　）。

　　A. 打印范围　　　　B. 打印份数　　　　　C. 字体　　　　　　D. 双面打印

5. 在 WPS 文字中，通过"表格属性"对话框可以进行（　　　）操作。

　　A. 调整行高　　　　　　　　　　　　　B. 调整列宽

　　C. 调整表格的对齐方式　　　　　　　　D. 调整表格的文字环绕方式

三、操作题

我常以"人就这么一辈子"这句话告诫自己并劝说朋友。这七个字，说来容易，听来简单，想起来却很深沉；它能使我在软弱时变得勇敢，骄矜时变得谦虚，颓废时变得积极，痛苦时变得欢愉，对任何事拿得起也放得下，所以我称它为"当头棒喝""七字箴言"。——我常想世间的劳苦愁烦、恩恩怨怨，如有不能化解的、不能消受的，不也敌过这短短的几十

年就烟消云散了吗?若是如此，又有什么好化解不开的呢?

人就这么一辈子，想到这句话，如果我是英雄，便要创造更伟大的功业；如果我是学者，便要获取更高的学问；如果我爱什么人，便要大胆地告诉她。因为今日过去便不再来了，这一辈子过去，便什么都消逝了。一本书未读，一句话未讲，便再也没有机会了。这可珍贵的一辈子，我必须好好地把握住它啊！

人就这么一辈子，你可以积极地把握它，也可以淡然地面对它。看不开时想想它，以求释然吧!精神颓废时想想它，以求振作吧!愤怒时想想它，以求平息吧!不满时想想它，以求感恩吧!因为不管怎样，你总是很幸运地拥有这一辈子，你总不能白来这一遭啊！（摘自刘墉《人就这么一辈子》）

操作要求：

（1）给文稿添加标题：在文稿空白处绘制一个横向文本框，输入文字"人就这么一辈子"，字体设置为黑体、48 磅、加粗，字体颜色设置为深红色，文字对齐方式设置为居中显示，并将文本框环绕方式设置为上下型环绕，移动到文稿最上方。

（2）对整篇文稿进行页面设置，页边距设置为：上、下边距为 2.2 厘米，左、右边距为 2.8 厘米；纸张大小设置为 B5。

（3）将文稿正文所有段落〔自"我常以'人就这么一辈子'这句话告诫自己并劝说朋友"至"不能白来这一遭啊！（摘自刘墉《人就这么一辈子》）"〕字体设置为仿宋、四号，行距设置为固定值 25 磅。

（4）为文稿正文第一段第一句话"我常以'人就这么一辈子'这句话告诫自己并劝说朋友。"添加底纹，底纹颜色设置为橙色，图案样式设置为 12.5%，图案颜色设置为蓝色，应用于"文字"。

（5）将文稿正文第二段文字（自"人就这么一辈子，想到了这句话"至"我必须好好地把握住它啊！"）字体颜色设置为浅蓝色、加粗，并设置"文本之前""文本之后"各缩进 3 字符。

（6）将文稿正文最后一段〔自"人就这么一辈子，你可以积极地把握它"至"不能白来这一遭啊！（摘自刘墉《人就这么一辈子》）"〕段前间距设置为 0.5 行。

（7）为文稿设置页面背景：使用图片素材"背景 .jpg"作为页面背景。

第2章
WPS 表格

WPS 表格是 WPS Office 2019 中的另一个重要组件，具有强大的数据处理能力，主要用于制作和处理电子表格。在本章中，主要讲解电子表格的基本操作、格式设置、函数使用、图表制作、审阅与安全设置及表格的打印等。

2.1　电子表格的基本操作

学 思 践 悟

在数字化办公环境中，数据管理是一项重要的技能。如何高效整理、分析数据，关系到工作效率和决策的准确性。在学习表格操作时，我们要培养细致、严谨的工作态度，让每一组数据都能准确无误地呈现。

学 习 目 标

本节的学习目标是使用户了解 WPS 表格的工作界面，熟练掌握工作簿、工作表、单元格及数据录入的基本操作。

2.1.1 认识 WPS 表格的工作界面

WPS 表格的工作界面主要包括标签区、窗口控制区、功能区、名称框、编辑栏、工作表编辑区、工作表列表区、视图控制区等，如图 2-1 所示。

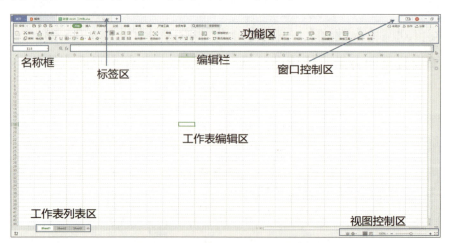

图 2-1　WPS 表格的工作界面

1. 标签区

主要用于显示文件名及访问、切换和新建电子表格。

2. 窗口控制区

主要用于窗口控制，包括最小化窗口、缩放窗口和关闭窗口。

3. 功能区

功能区主要包括快速访问工具栏、"开始""插入""页面布局""公式""数据""审阅""视图"和"开发工具"选项卡等，单击功能区的任意选项卡，可以显示其按钮和命令。

4. 名称框

单元格名称框主要用来显示单元格名称。例如，将鼠标指针定位到第 18 行和 K 列相交的单元格中，就可以在单元格名称框中看到该单元格的名称，即 K18 单元格。

5. 编辑栏

编辑栏位于单元格名称框的右侧，用户可以在选定单元格后直接输入数据，也可以选定单元格后通过编辑栏输入数据。在单元格中输入的数据将同步显示到编辑栏中，并且可以通过编辑栏对数据进行插入、修改及删除等操作。

6. 工作表编辑区

WPS 表格工作窗口中间的空白网状区域即工作表编辑区。工作表编辑区主要由行号标志、列号标志、编辑区域及水平和垂直滚动条组成。

7. 工作表列表区

默认情况下打开的新工作簿中只有 1 个工作表，被命名为 Sheet1。如果默认的工作表数量不能满足需求，可以单击工作表标签右侧的新建工作表按钮"+"，快速添加一个新的空白工作表。新添加的工作表以 Sheet2、Sheet3……命名。

8. 视图控制区

主要用于切换页面视图方式和显示比例，常见的视图方式有全屏显示、普通视图、页面布局、分页预览、阅读模式等。

2.1.2 工作簿操作　○

WPS 表格中用来存储并处理数据的文件称为工作簿。工作簿操作主要包括创建工作簿、保存工作簿、重命名工作簿、打开工作簿和关闭工作簿等。

1. 创建工作簿

（1）创建空白工作簿

为了在 WPS 表格中进行数据处理，需要创建工作簿。

操作步骤：双击桌面上的 WPS 表格快捷方式，在左侧主导航栏中单击"新建"按钮，新工作簿就创建成功了。

（2）使用模板创建工作簿

操作步骤：在打开的工作簿中单击"文件"按钮，选择"新建"子菜单中的"本机上的模板"命令，如图2-2所示。

在弹出的"模板"对话框中选择"常规"选项卡下的"空工作簿"，单击"确定"按钮，新的工作簿就创建成功了，如图2-3所示。

图2-2　选择本机上的模板

图2-3　新建工作簿

2. 保存工作簿

工作簿在进行数据存储与处理的过程中应及时保存，避免因停电或没有制作完成就误将工作簿关闭等因素造成不必要的损失。

1）将新建的工作簿保存到桌面上的操作步骤：在新建的工作簿中单击"文件"按钮，选择"保存"命令，如图2-4所示。

在弹出的"另存文件"对话框中选择"我的桌面"选项，再单击"保存"按钮，工作簿就保存到桌面上了，如图2-5所示。

图2-4　选择"保存"命令

图2-5　将工作簿保存到桌面上

也可以通过单击快速访问工具栏中的"保存"按钮或者按"Ctrl+S"组合键来保存工作簿。

2）将工作簿另存为 PDF 文件格式并保存到桌面上的操作步骤：在打开的工作簿中单击"文件"按钮，选择"另存为"命令，如图 2-6 所示。

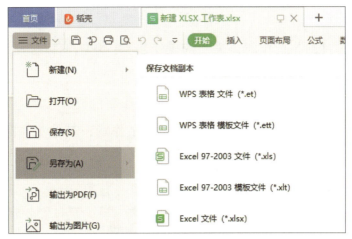

图 2-6　选择"另存为"命令

在弹出的"另存文件"对话框中选择"我的桌面"选项，单击"文件类型"右侧的下拉按钮，在弹出的下拉列表框中选择"PDF 文件格式"选项，单击"保存"按钮，工作簿就另存为 PDF 文件格式并保存到桌面上了，如图 2-7 所示。

图 2-7　将工作簿另存为 PDF 文件格式并保存到桌面上

3. 重命名工作簿

在默认情况下，工作簿以工作簿 1、工作簿 2、工作簿 3……依次命名。在工作中，可以根据工作簿中的数据对工作簿进行重命名，以便后续查找。

将新建的工作簿 1 重命名为"123"并保存在桌面上的操作步骤：在新建的工作簿 1 中单击"文件"按钮，选择"保存"命令，在弹出的"另存文件"对话框中选择"我的桌面"选项，在"文件名"右侧文本框中输入"123"，单击"保存"按钮，工作簿 1 就被重命名为

"123"并保存在桌面上了。

4. 打开工作簿

打开"123"工作簿的操作步骤：双击桌面的"123"工作簿，就打开了"123"工作簿。

5. 关闭工作簿

1）如果仅打开了"123"工作簿，关闭的操作步骤：单击窗口控制区中的"关闭"按钮，就关闭了"123"工作簿，如图2-8所示。

2）如果同时打开了多个工作簿，关闭"123"工作簿的操作步骤：在标签区单击"123"工作簿右侧的"关闭"按钮，这样就仅关闭"123"工作簿，其他工作簿照常打开，如图2-9所示。

图2-8　关闭工作簿

图2-9　仅关闭"123"工作簿

2.1.3　工作表操作

工作表是显示在工作簿窗口中的电子表格，它是由行和列构成的一个二维表格。工作表操作主要包括新建工作表、重命名工作表、移动或复制工作表、删除工作表、工作表的行与列操作等内容。

1. 新建工作表

在一个新的工作簿中只有一个系统默认的工作表。但是在日常工作中，一个工作表可能无法满足工作需求，需要新建工作表。

新建一个工作表的操作步骤：单击"开始"选项卡中的"工作表"下拉按钮，在弹出的下拉菜单中选择"插入工作表"命令，如图2-10所示。在弹出的"插入工作表"对话框中单击"确定"按钮，即完成了一个新工作表的创建，如图2-11所示。

图2-10　选择"插入工作表"命令

图2-11　新建一个工作表

如若需要新建多张工作表，只需在"插入工作表"对话框中根据需求输入新建工作表的数目即可。也可以通过鼠标右键单击工作表标签，在弹出的快捷菜单中，选择"插入工作表"命令，或者单击工作表标签右侧的"+"按钮，快速新建一个工作表。

2. 重命名工作表

在默认的情况下，工作表以 Sheet1、Sheet2、Sheet3……依次命名。在工作中，为了区分工作表及方便使用，可以根据工作表中的内容对工作表进行重命名。

将 Sheet1 工作表重命名为"456"的操作步骤：用鼠标右键单击 Sheet1 工作表标签，在弹出的快捷菜单中选择"重命名"命令，如图 2-12 所示。

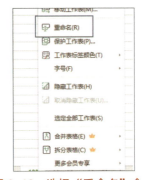

图 2-12　选择"重命名"命令

此时 Sheet1 工作表标签呈蓝色底纹显示，如图 2-13 所示。

在标签处输入文字"456"，然后按 Enter 键就完成了工作表的重命名，如图 2-14 所示。

图 2-13　蓝色底纹显示工作表标签

图 2-14　重命名工作表

3. 移动或复制工作表

移动或复制工作表是工作簿中进行数据处理的常见操作。

在"123"工作簿中，将"456"工作表移动到 Sheet2 工作表之后的操作步骤：用鼠标右键单击"456"工作表标签，在弹出的快捷菜单中选择"移动工作表"命令，如图 2-15 所示。

在弹出的"移动或复制工作表"对话框中，在"工作簿"的下拉列表框中选择"123.xlsx"选项，在"下列选定工作表之前"列表框中选择"（移至最后）"命令，单击"确定"按钮就可以将"456"工作表移动到 Sheet2 工作表之后了，如图 2-16 所示。

图 2-15　选择"移动工作表"命令

图 2-16　移动工作表（1）

若此时需要复制工作表，则仅需在移动工作表的操作基础上勾选"建立副本"复选框即可。

也可以通过单击"开始"选项卡中的"工作表"下拉按钮，在弹出的下拉菜单中选择"移动或复制工作表"命令。或者通过单击"456"工作表标签后按住鼠标左键不放，将"456"工作表拖拽到 Sheet2 工作表之后，释放鼠标左键来移动工作表，如图 2-17 所示。

图 2-17　移动工作表（2）

如需复制工作表，仅需在按住鼠标左键不放的同时按住 Ctrl 键，拖拽鼠标至合适位置，释放鼠标左键和 Ctrl 键即可。

4. 删除工作表

在用工作簿进行数据处理时，如果发现工作簿中存在多余的工作表，可以将其删除。

在"123"工作簿中将"456"工作表删除的操作步骤：用鼠标右键单击"123"工作簿中的"456"工作表标签，在弹出的快捷菜单中选择"删除工作表"命令，就可以将"456"工作表删除。

也可以通过在"123"工作簿中的"456"工作表中，单击"开始"选项卡中的"工作表"下拉按钮，在弹出的下拉菜单中选择"删除工作表"命令来删除"456"工作表。

5. 工作表的行与列操作

行和列是构成工作表的元素，有时需对整行或整列进行操作。工作表的行、列操作主要包括选中单行或单列、选中连续的多行或多列、选中不连续的多行或多列、插入单行（多行）或单列（多列）、删除行或列及设置行高和列宽等内容。

1）选中单行或单列的操作步骤：单击某一行的行号标签或某一列的列号标签，就可以选中单行或单列。

2）选中连续的多行或多列的操作步骤：单击某一行的行号标签之后，按住鼠标左键不放，向上或者向下拖拽鼠标，就可以选中连续的多行；同理，单击某一列的列号标签之后，按住鼠标左键不放，向左或者向右拖拽鼠标，就可以选中连续的多列。

也可以通过单击某一行的行号标签之后，按住 Shift 键不放，再单击选定行号的最末行行号标签，选定连续的多行；同理，也可以选定连续的多列。

3）选中不连续的多行或多列的操作步骤：单击某一行的行号标签，按住 Ctrl 键不放，继续单击需要选中的行号标签，直至将所有需要选中的行号标签都选中，释放 Ctrl 键，这样就可以选定不连续的多行；同理，单击某一列的列号标签，按住 Ctrl 键不放，继续单击需要选中的列号标签，直至将所有需要选中的列号标签都选中，释放 Ctrl 键，这样就可以选定不连续的多列。

4）插入单行（多行）或单列（多列）的操作步骤：用鼠标右键单击某一行的行号标签，在弹出的快捷菜单中选择"插入"命令，在"插入"命令右侧的数值框中设置需要插入的行数，这样就可以插入单行（多行），如图2-18所示。

同理，用鼠标右键单击某一列的列号标签，在弹出的快捷菜单中选择"插入"命令，在"插入"命令右侧的数值框中设置需要插入的列数，这样就可以插入单列（多列）。

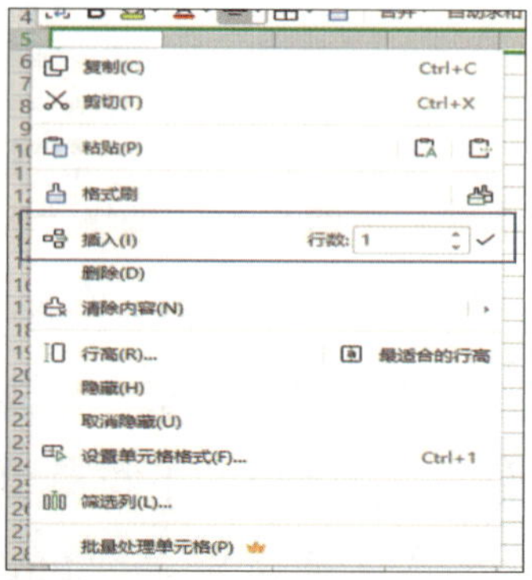

图 2-18　插入单行（多行）

也可以通过鼠标右键击任一单元格，在弹出的快捷菜单中选择"插入"命令，在弹出的子菜单中选择"插入列"或者"插入行"命令，在"插入列"或"插入行"命令右侧的数值框中设置需要插入的列数或者行数，来插入单列（多列）或单行（多行），如图 2-19 所示。

图 2-19　插入单行（多行）或单列（多列）

5）删除行或列的操作步骤：用鼠标右键单击某一行的行号标签，在弹出的快捷菜单中选择"删除"命令，就可以删除该行；同理，用鼠标右键单击某一列的列号标签，在弹出的快捷菜单中选择"删除"命令，就可以删除该列。

也可以通过鼠标右键单击任一单元格，在弹出的快捷菜单中选择"删除"命令，然后在弹出的子菜单中选择"整行"或"整列"命令来删除行或列。

6）设置行高和列宽的操作步骤：用鼠标右键单击需要设置行高的行号标签，在弹出的快捷菜单中选择"行高"命令，在弹出的"行高"对话框中输入需要设置的行高值，单击"确定"按钮，这样就完成了行高的设置；同理，用鼠标右键单击需要设置列宽的列号标签，在弹出的快捷菜单中选择"列宽"命令，如图 2-20 所示。在弹出的"列宽"对话框中输入需要设置的列宽值，单击"确定"按钮，这样就完成了列宽的设置，如图 2-21 所示。

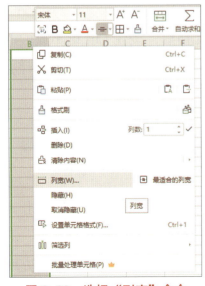

图 2-20　选择"列宽"命令

图 2-21　设置列宽

也可以通过单击"开始"选项卡中的"行和列"下拉按钮，在弹出的下拉菜单中选择"行高"命令，如图 2-22 所示。在弹出的"行高"对话框中，输入需要设置的行高值，单击"确定"按钮，这样就完成了行高的设置，如图 2-23 所示；同理，在弹出的下拉菜单中选择"列宽"命令，在弹出的"列宽"对话框中，输入需要设置的列宽值，单击"确定"按钮，这样就完成了列宽的设置。

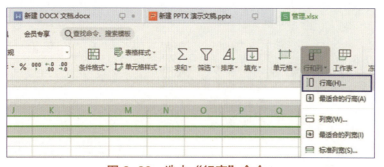

图 2-22　选中"行高"命令

图 2-23　设置行高

2.1.4 单元格操作

单元格是电子表格中行与列的交叉部分，是组成电子表格的最小单位。单元格操作包括选中单元格、插入和删除单元格、复制和移动单元格、合并和拆分单元格及设置批注等内容。

1. 选中单元格

在工作表中对单元格进行编辑之前需要先将其选中。

1）选中任一单元格的操作步骤：单击任一单元格，这样就可以将其选中。

2）选中连续单元格的操作步骤：单击任一单元格后，按住鼠标左键不放，向上、向下、向左、向右拖拽鼠标，就可以选中连续的单元格。

也可以通过单击任一单元格后，按住 Shift 键不放，单击连续单元格的最后一个单元格，来选中连续的单元格。

3）选中不连续单元格的操作步骤：单击任一单元格后，按住 Ctrl 键不放，继续单击需要选中的其他单元格，直至将所有需要选中的单元格都选中，释放 Ctrl 键，这样就可以选中不连续的单元格。

2. 插入和删除单元格

在实际应用中，有时需要在工作表中插入空白的单元格，有时也会将不需要的单元格进行删除。

1）在 A1 单元格上方或侧方插入一个单元格的操作步骤：用鼠标右键单击 A1 单元格，在弹出的快捷菜单中选择"插入"命令，在弹出的子菜单中选择"插入单元格，活动单元格下移"或"插入单元格，活动单元格右移"命令，这样就可以在 A1 单元格上方或侧方插入一个单元格了，如图 2-24 所示。

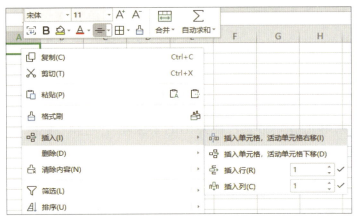

图 2-24　插入单元格（1）

也可以选中 A1 单元格，单击"开始"选项卡中的"行和列"下拉按钮，在弹出的下拉菜单中选择"插入单元格"命令，在弹出的子菜单中选择"插入单元格"命令，如图 2-25 所示。

图 2-25　选择"插入单元格"命令

在"插入"对话框中单击"活动单元格下移"或"活动单元格右移"单选按钮，再单击"确定"按钮，这样就可以在 A1 单元格上方或左侧插入一个单元格了，如图 2-26 所示。

图 2-26　插入单元格（2）

2）删除 A1 单元格的操作步骤：用鼠标右键单击 A1 单元格，在弹出的快捷菜单中选择"删除"命令，在弹出的子菜单中选择"右侧单元格左移"或"下方单元格上移"命令，这样就可以删除 A1 单元格了。

也可以通过选中 A1 单元格，单击"开始"选项卡中的"行和列"下拉按钮，在弹出的下拉菜单中选择"删除单元格"命令，在弹出的子菜单中选择"删除单元格"，在"删除"对话框中单击"右侧单元格左移"或"下方单元格上移"单选按钮，再单击"确定"按钮，即可删除 A1 单元格。

3. 复制和移动单元格

在工作表中，可以将选定的单元格复制和移动到工作表的不同位置，也可以将选定的单元格复制和移动到不同的工作表中，甚至可以将选定的单元格复制和移动到不同的工作簿中。下面以将选中的单元格复制和移动到工作表的不同位置为例进行讲解。

1）复制 A1 单元格到 D3 单元格的操作步骤：用鼠标右键单击 A1 单元格，在弹出的快捷菜单中选择"复制"命令，如图 2-27 所示。

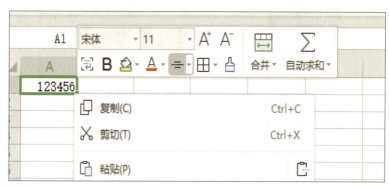

图 2-27　复制 A1 单元格

用鼠标右键单击 D3 单元格，在弹出的快捷菜单中选择"粘贴"命令，这样 A1 单元格就复制到 D3 单元格了，如图 2-28 所示。

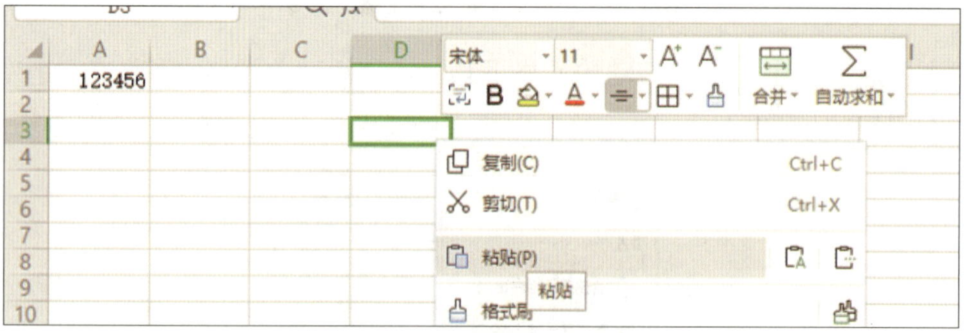

图 2-28　粘贴单元格

也可以通过单击 A1 单元格，按"Ctrl+C"组合键，再单击 D3 单元格，按"Ctrl+V"组合键，将 A1 单元格复制到 D3 单元格。

2）移动 A1 单元格到 D3 单元格的操作步骤：用鼠标右键单击 A1 单元格，在弹出的快捷菜单中选择"剪切"命令，用鼠标右键单击 D3 单元格，在弹出的快捷菜单中选择"粘贴"命令，这样 A1 单元格就移动到 D3 单元格了。

也可以通过单击 A1 单元格，按"Ctrl+X"组合键，再单击 D3 单元格，按"Ctrl+V"组合键，将 A1 单元格移动到 D3 单元格。

4. 合并和拆分单元格

合并单元格是指在工作表中将两个或多个相邻的单元格合并成一个单元格。拆分单元格是指将一个单元格拆分成两个或多个相邻的单元格。

1）将 B2 单元格和 B3 单元格合并的操作步骤：选中 B2 单元格和 B3 单元格，单击"开始"选项卡中的"合并居中"下拉按钮，在弹出的下拉菜单中选择"合并居中"或"合并单元格"命令，这样就可以将 B2 单元格和 B3 单元格合并为一个单元格了，如图 2-29 所示。

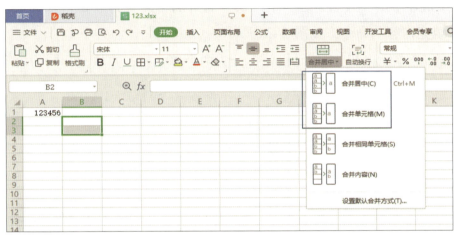

图 2-29　合并单元格

2）将 B2 单元格、B3 单元格、B4 单元格、B5 单元格中数据相同的单元格合并为同一单元格的操作步骤：选中 B2、B3、B4、B5 单元格，单击"开始"选项卡中的"合并居中"下拉按钮，在弹出的下拉菜单中选择"合并相同单元格"命令，如图 2-30 所示。

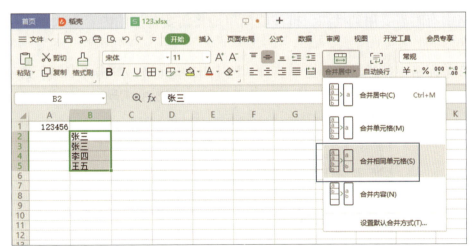

图 2-30　选择"合并相同单元格"命令

这样 B2、B3、B4、B5 单元格中数据相同的单元格就合并为一个单元格了，如图 2-31 所示。

图 2-31 合并相同单元格

3）将合并的 B2 单元格和 B3 单元格拆分的操作步骤：选中 B2 单元格和 B3 单元格，单击"开始"选项卡中的"合并居中"下拉按钮，在弹出的下拉菜单中选择"取消合并单元格"命令，就可以将合并的 B2 单元格和 B3 单元格拆分为两个单元格了。

4）将合并的 B2 单元格和 B3 单元格拆分，并填充相同的内容的操作步骤：选中 B2 单元格和 B3 单元格，单击"开始"选项卡中的"合并居中"下拉按钮，在弹出的下拉菜单中选择"拆分并填充内容"命令，如图 2-32 所示。

这样合并的 B2 单元格和 B3 单元格就拆分为两个单元格，并填充相同的内容，如图 2-33 所示。

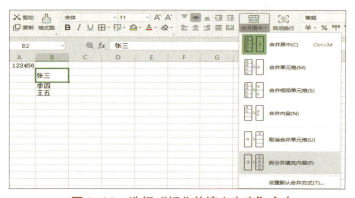

图 2-32 选择"拆分并填充内容"命令

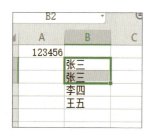

图 2-33 拆分单元格并填充相同的内容

5. 设置批注

电子表格中有时需要用到批注，批注能简单地将需要备注的内容放入单元格内，并且不占用单元格的空间。

1）在 B2 单元格中新建批注的操作步骤：选中 B2 单元格，单击"审阅"选项卡中的"新建批注"按钮，这样即可在 B2 单元格中新建批注，如图 2-34 所示。

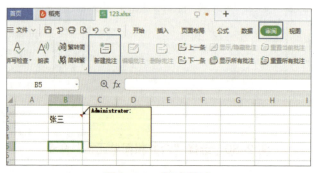

图 2-34 新建批注

2）在 B2 单元格编辑内容为"销售部员工"的批注的操作步骤：选中 B2 单元格，单击"审阅"选项卡中的"编辑批注"按钮，如图 2-35 所示，这样即可在 B2 单元格中编辑批注了。在批注框里输入"销售部员工"信息，如图 2-36 所示。

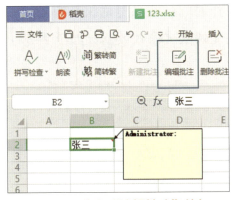

图 2-35　单击"编辑批注"按钮

图 2-36　编辑批注

3）显示 B2 单元格批注的操作步骤：选中 B2 单元格，单击"审阅"选项卡中的"显示所有批注"按钮，这样 B2 单元格的批注就显示出来了。

4）隐藏 B2 单元格批注的操作步骤：选中 B2 单元格，单击"审阅"选项卡中的"显示 / 隐藏批注"按钮，这样 B2 单元格的批注就被隐藏了。再次单击，B2 单元格的批注就又显示出来了。

5）删除 B2 单元格批注的操作步骤：选中 B2 单元格，单击"审阅"选项卡中的"删除批注"按钮，这样 B2 单元格的批注就被删除了。

2.1.5 数据录入

在使用 WPS 表格输入数据时，要正确使用各种类型的数据，避免出现因使用不当造成数据丢失等现象。WPS 表格中常用的数据类型有字符型（文本型）数据、数值型（数字型）数据、日期型数据。

1. 输入字符型数据

在 WPS 表格中，字符型数据包括汉字、英文字母、空格和其他字符，也可以是它们的组合。默认情况下，字符型数据按单元格左侧对齐方式对齐。在使用该类型的数据时，需要注意以下两点。

1）数字和非数字的组合均为字符型数据。

2）如果要输入的字符串全部由数字组成，如邮政编码、电话号码等，为了避免 WPS 表格把它按数值型数据处理，在输入时可以先输入一个单引号"'"（英文符号），或提前定义该单元格区域的数据类型，再输入具体的数字。例如，要在单元格中输入电话号码"123456"，输入方式为"'123456"，输入完成后按 Enter 键，出现在单元格里的就是字符型数据"123456"，并自动左对齐。

注意： 当在电子表格中输入超过 11 位的数字，以及以 0 开头的超过 5 位的数字编号（如 012345）时，WPS 表格会自动将其识别为字符型数据。

在"123"工作簿的"456"工作表中输入字符型数据的操作步骤：在 A1:G1 区域依次输入工号、姓名、出生日期、性别、职务、参加工作时间、联系电话，其中工号、姓名、性别、职务、联系电话列需要输入字符型数据。将这几列依次输入数据，如图 2-37 所示。

图 2-37　输入字符型数据

2. 输入数值型数据

在 WPS 表格中，数值型数据包括 0~9 中的数字及含有正号、负号、货币符号、百分号等任意一种符号的数据。默认情况下，数值型数据按单元格右侧对齐方式对齐。在使用该类型的数据时，需要注意以下两点。

1）输入负数时，应在数值前加一个"－"号或将其置于括号( )里，例如，－9 应输入"－9"或"（9）"。

2）输入分数时，应先选择数据类型为"分数"，否则 WPS 表格会把分数当作日期处理。

3. 输入日期型数据

在电子表格中，经常需要输入一些日期型的数据。输入日期时，年、月、日之间要用"/"号或"-"号隔开，如"2019/8/10"或"2019-8-10"。

在"123"工作簿的"456"工作表中输入日期型数据的操作步骤：出生日期、参加工作时间列需要输入日期型数据。先单击 C2 单元格，输入"1992-5-18"，再按 Enter 键；同理，用同样的方法输入 C3:C8 区域、F2:F8 区域的数据。

4. 快速填充数据

快速填充数据的目的是帮助用户提高工作效率。快速填充数据包括使用填充柄填充数据、使用快捷键填充数据、向下填充数据、向上填充数据和智能填充数据等方式。

（1）使用填充柄填充数据

在图 2-37 中，工号列除了可以手动输入数据外，还可以使用填充柄快速填充数据。

操作步骤：在 A2 单元格中输入字符型数据 X0001 后，将鼠标指针移至 A2 单元格右下角，出现"+"字形填充柄时，按住鼠标左键，下拉填充单元格数据至 A8 单元格，这样就完成了顺序式填充。

（2）使用快捷键填充数据

在图 2-37 中，性别列除可以手动输入数据外，还可以使用快捷键快速填充数据。

操作步骤：单击 D2 单元格后，按住 Ctrl 键的同时单击需要输入相同数据的 D4 单元格、D6 单元格和 D8 单元格，输入需要填充的数据"男"，按"Ctrl+Enter"组合键，就可以快速填充性别为"男"的数据；同理，单击 D3 单元格后，按住 Ctrl 键的同时单击需要输入相同数据的 D5 单元格和 D7 单元格，输入需要填充的数据"女"，按"Ctrl+Enter"组合键，就可以快速填充性别为"女"的数据。

（3）向下填充数据

在"456"工作表中，E3:E8 区域内的数据完全相同，用户除了可以手动输入数据外，还可以使用向下填充数据的方式快速填充数据。

操作步骤：在 E3 单元格中输入"员工"，选中 E3:E8 区域，单击"开始"选项卡中的"填充"下拉按钮，在弹出的下拉菜单中选择"向下填充"命令，就能将 E3:E8 区域快速填充数据。

也可以通过"Ctrl+D"组合键快速向下填充数据。

（4）向上填充数据

在"456"工作表中，E3:E8 区域内的数据完全相同，用户除了可以手动输入数据外，还可以使用向上填充数据的方式快速填充数据。

操作步骤：在 E8 单元格中输入"员工"，选中 E3:E8 区域，单击"开始"选项卡中的"填充"下拉按钮，在弹出的下拉菜单中选择"向上填充"命令，就能将 E3:E8 区域快速填充数据。

同理，只要左、右单元格的信息完全相同，向左、向右快速填充数据的操作步骤和向上、向下快速填充数据的操作步骤类似，这里不再赘述。

（5）智能填充数据

图 2-37 中 G 列单元格将员工的电话号码完整显示出来，容易导致信息泄露，可以将 G 列的数据更改为隐藏中间 4 位的格式。

操作步骤：单击 H2 单元格，输入字符串"123****0001"，单击"开始"选项卡中的"填充"下拉按钮，在弹出的下拉菜单中选择"智能填充"命令，就能把 G2:G8 区域的数据更改为隐藏中间 4 位的格式，如图 2-38、图 2-39 所示。

图 2-38　选择"智能填充"命令

图 2-39　效果图—智能填充数据

也可以通过"Ctrl+E"组合键智能填充数据。

5. 输入等差数列

在电子表格中，有时需要输入等差数列，例如，1，5，9，13……，此时，可以使用序列功能来实现。

在工作表中输入一个最初数据为 1，步长值为 4，终止值为 13 的等差数列的操作步骤：在 A1 单元格中输入最初数据 1，单击"开始"选项卡中的"填充"下拉按钮，在弹出的下拉菜单中选择"序列"命令，如图 2-40 所示。

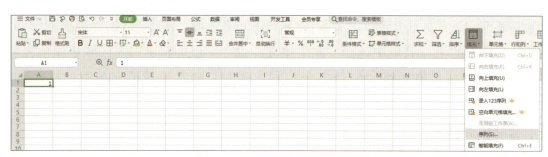

图 2-40　选择"序列"命令

弹出"序列"对话框后，在"序列产生在"选区中单击"行"单选按钮，在"类型"选区中单击"等差序列"单选按钮，在"步长值"文本框中输入"4"，在"终止值"文本框中输入"13"，单击"确定"按钮，如图 2-41 所示。

这样即可在工作表中输入等差数列，如图 2-42 所示。

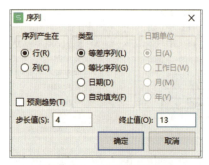

图 2-41　设置等差数列

图 2-42　效果图－输入等差数列

也可以通过在 A2:B2 区域输入 1、5，选中 A2:B2 区域后，将鼠标指针移至 B2 单元格右下角，出现"+"字形填充柄时，按住鼠标左键拖拽到 13 所在的单元格来快速填充等差数列。

6. 输入等比数列

在电子表格中，有时需要输入等比数列。等比数列是成倍数关系的序列，例如，3，9，27，81……，此时，同样可以使用序列功能来实现。

在工作表中输入一个最初数据为 3，步长值为 3，终止值为 81 的等比数列的操作步骤：在 A1 单元格中输入最初数据 3，单击"开始"选项卡中的"填充"下拉按钮，在弹出的下拉菜单中选择"序列"命令，弹出"序列"对话框。在"序列产生在"选区中单击"列"单选按钮，在"类型"选区中单击"等比序列"单选按钮，在"步长值"文本框中输入"3"，在"终止值"文本框中输入"81"，单击"确定"按钮即可在工作表中输入等比数列。

7. 制作动态下拉列表

在输入一些限定的数据时，从效率和准确性方面考虑，常常会通过制作动态下拉列表的方式来确保其准确性。

在"123"工作簿的"456"工作表中的性别列中制作动态下拉列表。

在图 2-37 中 D 列除了可以手动输入数据和使用快捷键快速填充数据外，还可以通过制作动态下拉列表的操作来快速填充数据。

操作步骤：选中 D2:D8 区域，单击"数据"选项卡中的"下拉列表"按钮，如图 2-43 所示。

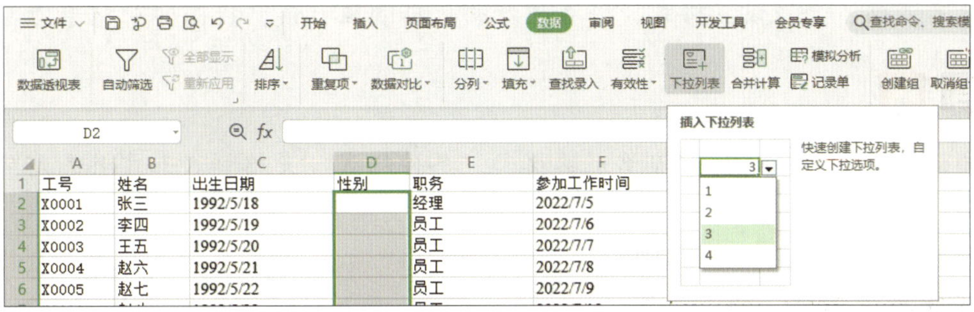

图 2-43　单击"下拉列表"按钮

在弹出的"插入下拉列表"对话框中"手动添加下拉选项"中，制作动态下拉列表。制作完成后，单击"确定"按钮，如图 2-44 所示。

图 2-44　制作动态下拉列表

单击设置好的单元格，右侧会出现一个下拉按钮，单击该按钮即可选择需要填入的性别信息，如图 2-45 所示。

图 2-45 效果图—制作动态下拉列表

2.2 电子表格的格式设置

学 思 践 悟

数据的标准化管理不仅能提高可读性，还能确保信息的准确性。在日常办公中，我们要学会规范命名表格、合理设置格式，培养良好的数据管理习惯，提高职业竞争力。

学 习 目 标

本节的学习目标是使用户掌握单元格格式、条件格式、表格样式和工作表标签颜色设置等基本操作。

2.2.1 单元格格式设置

设置单元格格式包括设置数字格式、对齐方式、字体格式、边框和图案等操作。

1. 设置数字格式

在"2.1.5 数据录入"一节中已经讲解过 3 种数据类型的输入方法，当用户在单元格中输入完数据后想改变数据类型时，可以通过设置数字格式来完成。

在"123"工作簿的"456"工作表中将出生日期列和参加工作时间列设置成 ×× 年 ×× 月 ×× 日的格式的操作步骤：选中 C2:C8 区域，按住 Ctrl 键的同时选中 F2:F8 区域，单击"开始"选项卡中的"单元格格式：数字"对话框启动器按钮，如图 2-46 所示。

图 2-46　单击"单元格格式：数字"对话框启动器按钮

在弹出的"单元格格式"对话框中，选择"数字"选项卡中"分类"选区中的"日期"选项，在右侧的"类型"列表框中选择"2001 年 3 月 7 日"样式，单击"确定"按钮，如图 2-47 所示。

这样就完成了日期格式设置，如图 2-48 所示。

图 2-47　设置日期格式

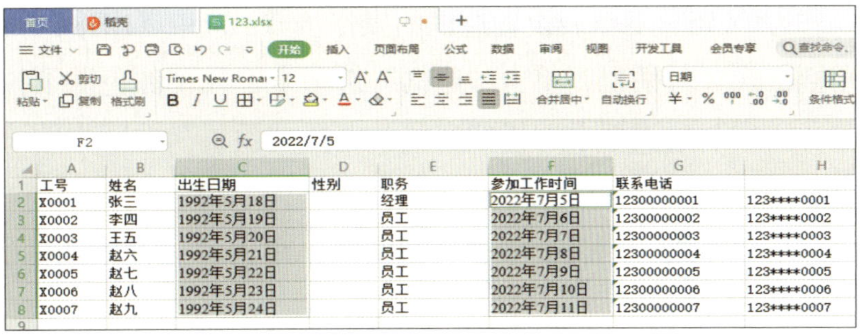

图 2-48　效果图—设置日期格式

也可以通过"Ctrl+1"组合键或者鼠标右键单击的快捷方式调出"单元格格式"对话框并完成后续操作。

2. 设置对齐方式

在单元格中，字符型数据默认为左对齐，数值型数据默认为右对齐。为了使工作表中的数据整齐，可以为数据设置对齐方式。

将"456"工作表中的数据设置为居中对齐的操作步骤：选中 A1:H8 区域，单击"开始"选项卡中的"垂直居中"和"水平居中"按钮，这样"456"工作表中的数据即可设置为居中对齐。

也可以通过选中 A1:H8 区域，单击"开始"选项卡中的"单元格格式：对齐方式"对话框启动器按钮，在弹出的"单元格格式"对话框中选择"水平对齐"下拉列表框中的"居中"选项，选择"垂直对齐"下拉列表框中的"居中"选项，单击"确定"按钮，以此来设置对齐方式。

3. 设置字体格式

在单元格中，为了改变字体类型和大小，可以通过设置字体格式来实现。

将"456"工作表中的中文设置为 11 号宋体，西文及数字设置为 11 号 Times New Roman 字体（出生日期列和参加工作时间列设置为 11 号 Times New Roman 字体）的操作步骤：选中 A1:H1 区域，按住 Ctrl 键的同时选中 B2:B8 区域和 D2:E8 区域，单击"开始"选项卡中的"字体"组合框下拉按钮，在弹出的下拉列表中选择"宋体"选项，单击"字号"组合框下拉按钮，在弹出的下拉列表中选择"11"选项；选中 A2:A8 区域、C2:C8 区域和 F2:H8 区域，单击"开始"选项卡中的"字体"组合框下拉按钮，在弹出的下拉列表框中选择"Times New Roman"选项，单击"字号"组合框下拉按钮，在弹出的下拉列表框中选择"11"选项，这样"456"工作表中的中文就设置为 11 号宋体，西文及数字就设置为 11 号 Times New Roman 字体。

4. 设置边框

在工作表中，为了使工作表数据的轮廓更加清晰，使整个工作表更加整齐美观，可以通过添加边框的操作来实现。

为"456"工作表设置边框的操作步骤：选中 A1:H8 区域，按"Ctrl+1"组合键，弹出"单元格格式"对话框，单击"边框"选项卡，在"颜色"下拉列表框中选择喜欢的颜色，然后在"样式"列表框中选择细实线，选择"预置"选区中的"外边框"选项，表格外边框会变成细框，如图 2-49 所示。

在"样式"列表框中选择粗实线，单击"边框"选区的上、下边框，使上、下框变粗，如图 2-50 所示。

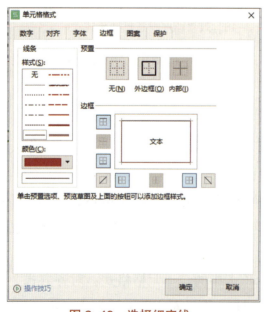

图 2-49　选择细实线

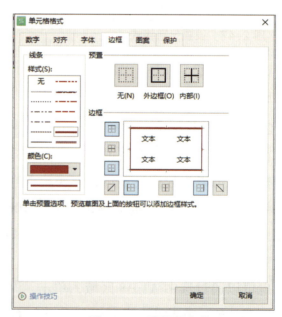

图 2-50　选择粗实线

在"样式"列表框中选择细点线，选择"预置"选区中的"内部"选项，单击"确定"按钮，如图 2-51 所示。

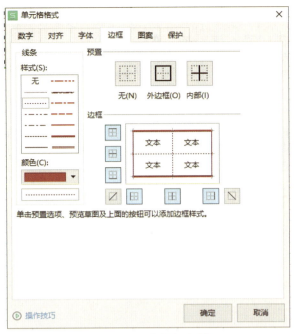

图 2-51　选择细点线

这样"456"工作表就设置好边框了，最终效果如图 2-52 所示。

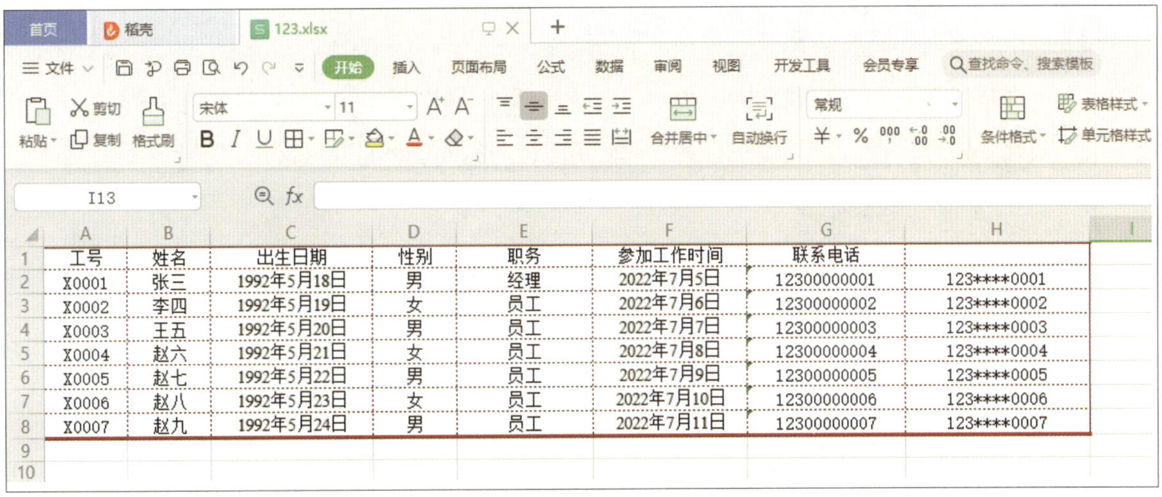

图 2-52　效果图——设置边框

5. 设置图案

我们也可以通过设置图案使工作表数据的轮廓更加清晰，使整个工作表更加整齐美观。

为"456"工作表设置图案的操作步骤：选中 A1:H8 区域，用鼠标右键单击，在弹出的快捷菜单中选择"设置单元格格式"命令，在弹出的对话框中选择"图案"选项卡，在"颜色"选区中选择单元格底纹颜色，在"图案样式"下拉列表框中选择单元格的图案样式，在"图案颜色"下拉列表框中选择单元格图案颜色，单击"确定"按钮，这样就为"456"工作表设置好图案了，如图 2-53、图 2-54 所示。

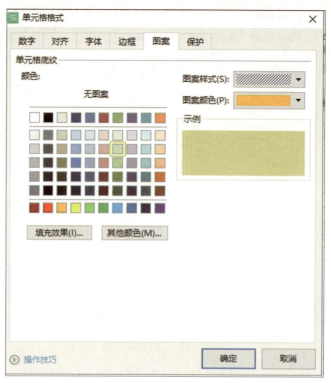

图 2-53　设置图案

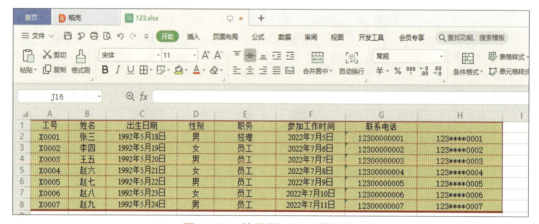

图 2-54　效果图——设置图案

2.2.2 条件格式设置

在编辑工作表时，可以为工作表设置条件格式。本小节只讲解设置条件格式的一种情形，其余情形的操作和本小节类似，这里不再赘述。

1. 设置条件格式

在实际工作过程中，有时需要对工作表中的内容设置条件格式以进行标记，这样可以更加直观醒目。

将"456"工作表职务为"经理"的单元格设置为"浅红填充色深红色文本"的操作步骤：选中 E2:E8 区域，单击"开始"选项卡中的"条件格式"下拉按钮，在弹出的下拉菜单中选择"突出显示单元格规则"子菜单中的"等于"命令，如图 2-55 所示。

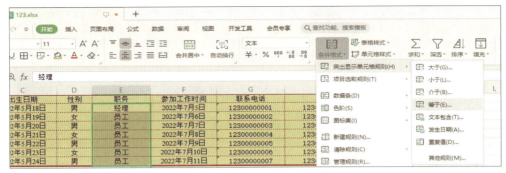

图 2-55　选择"等于"命令

在弹出的"等于"对话框中的"为等于以下值的单元格设置格式"参数框中输入"经理"，

在"设置为"下拉列表框中选择"浅红填充色深红色文本"选项，单击"确定"按钮，这样就将"456"工作表中职务为"经理"的单元格设置为"浅红填充色深红色文本"，如图 2-56、图 2-57 所示。

图 2-56　设置条件格式

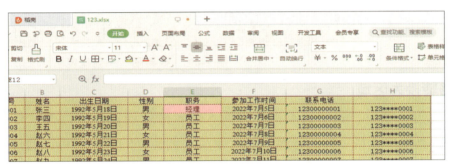

图 2-57　效果图——设置条件格式

2. 管理和清除条件格式

当已经设置好的条件格式不再使用时，可以清除条件格式。

将"456"工作表中职务为"经理"的单元格中的"浅红填充色深红色文本"条件格式清除的操作步骤：选中 E2:E8 区域，单击"开始"选项卡中的"条件格式"下拉按钮，在弹出的下拉菜单中选择"清除规则"子菜单中的"清除所选单元格的规则"命令，这样就可将"456"工作表中职务为"经理"的单元格中的"浅红填充色深红色文本"条件格式清除掉了。

2.2.3 表格样式设置

设置表格样式主要包括创建表格、将表格转换为区域、套用表格样式等内容。

1. 创建表格

创建表格可以使用户在原有数据表中创建一个表，通过使用已经创建好的表格，可以对数据表中的数据进行排序、筛选等。

为"456"工作表中的数据创建表格的操作步骤：选中 A1:H8 区域，单击"插入"选项卡中的"表格"按钮，如图 2-58 所示。

图 2-58　单击"表格"按钮

在弹出的"创建表"对话框中勾选"表包含标题"和"筛选按钮"复选框，单击"确定"按钮，这样就为"456"工作表中的数据创建表格了，如图 2-59、图 2-60 所示。

图 2-59　创建表格

图 2-60　效果图——创建表格

2. 将表格转换为区域

将表格转化为区域后，表格就不再作为插入的表格处理，在首行不会有下拉的筛选按钮，而是变成跟其他单元格一样的普通区域。要清除创建好的表格，可以通过将表格转换为区域的操作来完成。

将创建的表格转换为区域的操作步骤：单击 A1:H8 区域任一单元格，在功能区中会显现一个"表格工具"选项卡，单击"转换为区域"按钮，如图 2-61 所示。

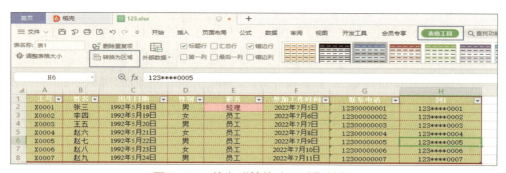

图 2-61　单击"转换为区域"按钮

在弹出的"WPS 表格"对话框中单击"确定"按钮，这样就可以将创建的表格转换为区域，如图 2-62 所示。

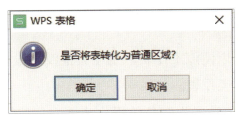

图 2-62　将表格转换为区域

3. 套用表格样式

WPS 表格中内置了多种表格样式，使用户能够套用表格样式来美化工作表，从而快速设置工作表的样式。

在创建表格小节中为"456"工作表创建了表格，而用户也可以不创建表格，直接套用表格样式。

为"456"工作表中的数据套用表格样式的操作步骤：选中 A1:H8 区域，单击"开始"选项卡中的"表格样式"下拉按钮，在弹出的下拉面板中选择一种表格样式，如图 2-63 所示。

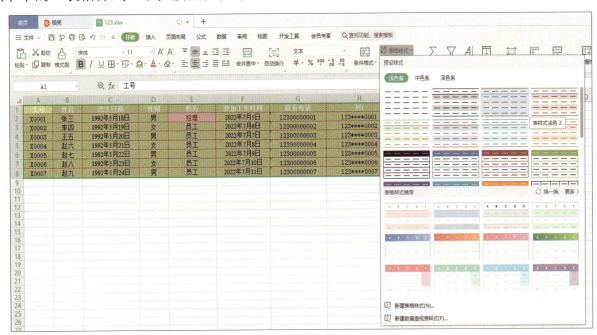

图 2-63　选择"表格样式"

在弹出的"套用表格样式"对话框中单击"确定"按钮，这样就为"456"工作表中的数据套用表格样式了，如图 2-64、图 2-65 所示。

图 2-64　套用表格样式

图 2-65　效果图——套用表格样式

2.2.4 工作表标签颜色设置

设置工作表标签颜色，可以使该工作表区别于其他没有设置标签颜色的工作表，使用户能根据标签颜色快速查找到该工作表。

将"456"工作表标签颜色设置为绿色的操作步骤：用鼠标右键单击工作表标签，在弹出的快捷菜单中选择"工作表标签颜色"选项，在子菜单中选择"绿色"，这样就将"456"工作表标签颜色设置为了绿色。

也可以通过单击"开始"选项卡中的"工作表"下拉按钮，在弹出的下拉菜单中选择"工作表标签颜色"选项，在子菜单中选择"绿色"来设置工作表标签颜色。

2.3　电子表格的函数使用

学 思 践 悟

数据分析是现代社会的重要能力，科学的数据处理方法能帮助我们更快地发现问题、做出决策。但数据的真实性比计算本身更重要。在使用函数分析数据时，我们要始终坚持实事求是的原则，避免误导性数据的滥用，树立职业道德意识。

学 习 目 标

本节的学习目标是使用户掌握求和函数、统计函数和日期函数的基本操作。特别需要注意的是在使用"开始"选项卡中的"求和"下拉菜单中的函数时，数据区域必须是连续的。

2.3.1 求和函数

本小节所讲的求和函数主要包括自动求和和跨区域求和两个内容。

1. 自动求和

计算每个学生的总成绩的操作步骤：打开工作簿，选中 G3 单元格，单击"开始"选项卡中的"求和"下拉按钮，在弹出的下拉菜单中选择"求和"命令，如图 2-66 所示。

图 2-66　选择"求和"命令

弹出求和函数，如图 2-67 所示。

图 2-67　求和函数

按 Enter 键即可得到第 1 名学生的总成绩。选中 G3 单元格，将鼠标指针移至单元格右下角，当鼠标指针变成 "+" 时双击，使用自动填充数据即可快速计算出每个学生的总成绩，如图 2-68 所示。

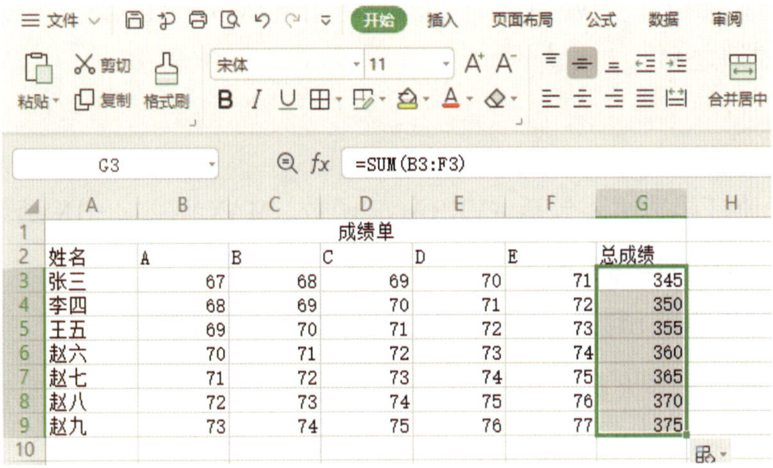

图 2-68　效果图——自动求和

注意：当弹出的求和函数包含的区域和用户所需求和的区域不一致时，用户可以修改求和函数包含的区域。

也可以通过选中 B3:F3 区域，单击 "公式" 选项卡中的 "自动求和" 下拉按钮，在弹出的下拉菜单中选择 "求和" 命令来得到第 1 名学生的总成绩。

2. 跨区域求和

函数说明：SUM 函数——返回某一单元格区域中所有数字之和。

语法：SUM（number1,number2,...）

number1,number2,... 为 1 到 255 个需要求和的参数。

计算每个学生的 A、B、E 三项成绩之和的操作步骤：选中 H3 单元格，单击 "公式" 选项卡中的 "插入函数" 按钮，在弹出的 "插入函数" 对话框中的 "选择函数" 列表框中选择 "SUM" 函数，单击 "确定" 按钮，打开 "函数参数" 对话框，在 "数值 1" 参数框中输入

"B3"，在"数值2"参数框中输入"C3"，在"数值3"参数框中输入"F3"，单击"确定"按钮，如图 2-69 所示。

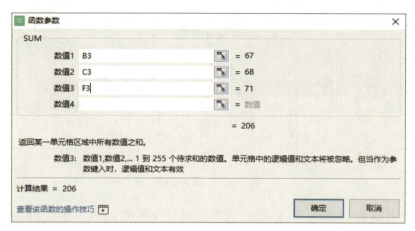

图 2-69　输入 SUM 函数参数

这样即可得到第 1 名学生的 A、B、E 三项成绩之和。选中 H3 单元格，将鼠标指针移至单元格右下角，当鼠标指针变成"＋"时双击，使用自动填充数据即可快速计算出每个学生的 A、B、E 三项成绩之和。

2.3.2 统计函数

本小节所讲的统计函数主要包括 AVERAGE 函数、MAX 函数、MIN 函数和 COUNT 函数。

1. 平均值——AVERAGE 函数

函数说明：AVERAGE 函数——返回参数的平均值（算术平均值）。

语法：AVERAGE（number1,number2,...）

number1,number2,... 为需要计算平均值的 1 到 255 个参数。

计算每门课程的平均分的操作步骤：选中 B10 单元格，单击"公式"选项卡中的"插入函数"按钮，如图 2-70 所示。

图 2-70　单击"插入函数"按钮

在弹出的"插入函数"对话框中的"选择函数"列表框中选择"AVERAGE"函数，单击"确定"按钮，如图 2-71 所示。

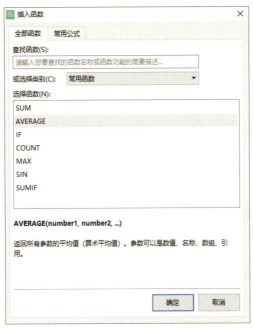

图 2-71 选择"AVERAGE"函数

打开"函数参数"对话框，在"数值 1"参数框中输入"B3:B9"，单击"确定"按钮，即可得到课程 A 的平均分，如图 2-72 所示。

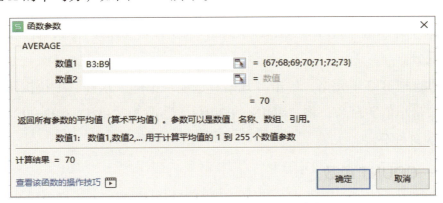

图 2-72 输入 AVERAGE 函数参数

选中 B10 单元格，将鼠标指针移至单元格右下角，当鼠标指针变成"+"时，按住鼠标左键向右拖拽至 F10 单元格，释放鼠标左键即可得到每门课程的平均分。

也可以通过选中 B10 单元格，单击"开始"选项卡中的"求和"下拉按钮，在弹出的下拉菜单中选择"平均值"命令，按 Enter 键来得到课程 A 的平均分。

2. 最大值——MAX 函数

函数说明：MAX 函数——返回一组值中的最大值。

语法：MAX（numberl,number2,...）

number1,number2,... 是要从中找出最大值的 1 到 255 个数字参数。

计算每门课程的最高分的操作步骤：选中 B11 单元格，单击"公式"选项卡中的"插入函数"按钮，在弹出的"插入函数"对话框中的"选择函数"列表框中选择"MAX"函数，单击"确定"按钮，打开"函数参数"对话框，在"数值 1"参数框中输入"B3:B9"，单击"确定"按钮，即可得到课程 A 的最高分。选中 B11 单元格，将鼠标指针移至单元格右下角，当鼠标指针变成"+"时，按住鼠标左键并向右拖拽至 F11 单元格，释放鼠标左键，即可得到每门课程的最高分。

也可以通过选中 B11 单元格，单击"开始"选项卡中的"求和"下拉按钮，在弹出的下拉菜单中选择"最大值"命令，将"=MAX（B3:B10）"改为"=MAX（B3:B9）"，按 Enter 键来得到课程 A 的最高分。

3. 最小值——MIN 函数

函数说明：MIN 函数——返回一组值中的最小值。

语法：MIN（numberl,number2,...）

number1,number2,... 是要从中找出最小值的 1 到 255 个数字参数。

计算每门课程的最低分的操作步骤：选中 B12 单元格，单击"公式"选项卡中的"插入函数"按钮，在弹出的"插入函数"对话框中的"选择函数"列表框中选择"MIN"函数，单击"确定"按钮，打开"函数参数"对话框，在"数值 1"参数框中输入"B3:B9"，单击"确定"按钮，即可得到课程 A 的最低分。选中 B12 单元格，将鼠标指针移至单元格右下角，当鼠标指针变成"+"时，按住鼠标左键向右拖拽至 F12 单元格，释放鼠标左键，即可得到每门课程的最低分。

也可以通过选中 B12 单元格，单击"开始"选项卡中的"求和"下拉按钮，在弹出的下拉菜单中选择"最小值"命令，将"=MIN（B3:B11）"改为"=MIN（B3:B9）"，按 Enter 键来得到课程 A 的最低分。

4. 计数——COUNT 函数

函数说明：COUNT 函数——返回包含数字的单元格及参数列表中的数字的个数。

利用 COUNT 函数可以计算单元格区域或数字数组中数字字段的输入项个数。

语法：COUNT（valuel,value2,...）

valuel,value2,... 为包含的引用各种不同类型数据的参数（1 到 255 个），但只有数字型的数据才被计算。

计算数字区域的单元格个数的操作步骤：选中 B13 单元格，单击"公式"选项卡中的"插入函数"按钮，在弹出的"插入函数"对话框中的"选择函数"列表框中选择"COUNT"函数，单击"确定"按钮，打开"函数参数"对话框，在"数值 1"参数框中输入"B3:F9"，单击"确定"按钮，即可计算出数字区域的单元格个数。

也可以通过选中 B13 单元格，单击"开始"选项卡中的"求和"下拉按钮，在弹出的下拉菜单中选择"计数"命令，将"=COUNT（B3:B12）"改为"=COUNT（B3:F9）"，按 Enter 键来计算数字区域的单元格个数。

2.3.3 日期函数

本小节所讲的日期函数主要包括 DATE 函数、TODAY 函数和 YEAR 函数。

1. 显示特定日期——DATE 函数

函数说明：DATE 函数——返回代表特定日期的序列号。如果在输入函数前，单元格格式为"常规"，那么结果将设为日期格式。

语法：DATE（year,month,day）

year 参数为介于 1904 到 9999 之间的数字。

month 代表每年中月份的数字。如果所输入的月份大于 12，那么将从指定年份的一月份开始往上加算。

day 代表在该月份中第几天的数字。如果 day 大于该月份的最大天数，那么将从指定月份的第一天开始往上累加。

将 2024 年 7 月 16 日转换为 DATE 函数日期格式的操作步骤：在单元格中输入"2024 年 7 月 16 日"，选中单元格，单击"公式"选项卡中的"日期和时间"下拉按钮，在弹出的下拉菜单中选择"DATE"函数，打开"函数参数"对话框，在"年"参数框中输入"2024"，在"月"参数框中输入"7"，在"日"参数框中输入"16"，单击"确定"按钮，即可在工作簿中将 2024 年 7 月 16 日转换为 DATE 函数日期格式。

2. 显示当前计算机日期——TODAY 函数

函数说明：TODAY 函数——返回当前日期的序列号。序列号是 WPS 表格用于日期和时间计算的日期——时间代码。如果在输入该函数前，单元格的格式为"常规"，那么结果将设为日期格式。

语法：TODAY（）

在工作簿中显示当前计算机日期的操作步骤：选中任一单元格，单击"公式"选项卡中的"日期和时间"下拉按钮，在弹出的下拉菜单中选择"TODAY"函数，在"函数参数"对话框中单击"确定"按钮，即可在工作簿中显示当前计算机日期。

3. 显示特定日期的年份——YEAR 函数

函数说明：YEAR 函数——返回以序列号表示的某日期对应的年份。返回值为介于 1900 到 9999 之间的整数。

语法：YEAR（serial_number）

serial_number 表示一个日期值，其中包含要查找的年份。

在工作簿中显示 2024 年 7 月 16 日所属的年份的操作步骤：在单元格中输入"2024 年 7 月 16 日"，单击另一单元格，单击"公式"选项卡中的"日期和时间"下拉按钮，在弹出的下拉菜单中选择"YEAR"函数，打开"函数参数"对话框，在"日期序号"参数框中输入日期所在单元格，单击"确定"按钮，即可在工作簿中显示 2024 年 7 月 16 日所属的年份。

2.4　电子表格的图表制作

学 思 践 悟

　　直观的图表可以提升数据的可读性，但图表的设计必须真实、客观。面对数据，我们要秉持诚信原则，不歪曲、不夸大，养成理性思考、独立判断的能力，避免被断章取义的信息误导。

学 习 目 标

　　本节的学习目标是使用户了解图表的组成，掌握柱形图、条形图、折线图、饼图的制作及美化。

2.4.1 图表的组成

　　WPS 表格中内置了多种图表类型。虽然图表的种类很多，但每一种图表的绝大多数组成元素是相同的。一般而言，默认的组成元素包括图表区、绘图区、网格线、图表标题、坐标轴、数据系列、数据标签、图例等，如图 2-73 所示。

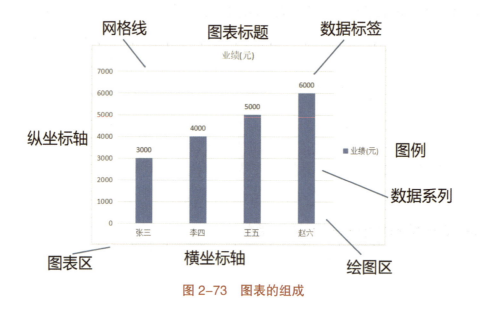

图 2-73　图表的组成

　　图表区：图表中最大的白色区域，是其他图表组成元素的容器。

　　绘图区：是图表区的一部分，能显示图形的矩形区域。

　　网格线：用来贯穿绘图区的线条。

　　图表标题：用来说明图表的主要内容。

　　坐标轴：通常由纵坐标轴和横坐标轴两个坐标轴构成。

　　数据系列：数据系列对应一行或一列数据，由图表中相关数据点构成。

数据标签：用来表示数据系列的实际数值。

图例：由文字和标识组成，对各系列值进行注释。

2.4.2 图形插入

图形插入主要包括插入柱形图、插入折线图、插入条形图、插入饼图、移动图表位置、调整图表大小、更改图表类型等操作。

1. 插入柱形图

柱形图是电子表格中常见的图表样式之一，它可以直观地对比数据差异。

插入柱形图的操作步骤：选中 A1:B6 区域，单击"插入"选项卡中的"全部图表"按钮，在弹出的下拉菜单中选择"全部图表"选项，如图 2-74 所示。

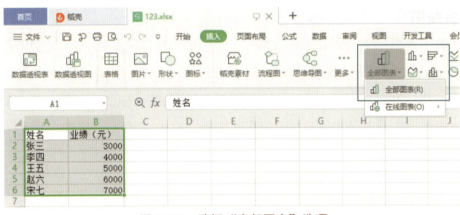

图 2-74　选择"全部图表"选项

在弹出的"插入图表"对话框中选择"柱形图"选项卡中的"簇状柱形图"选项，单击"插入"按钮，即可插入簇状柱形图，如图 2-75、图 2-76 所示。

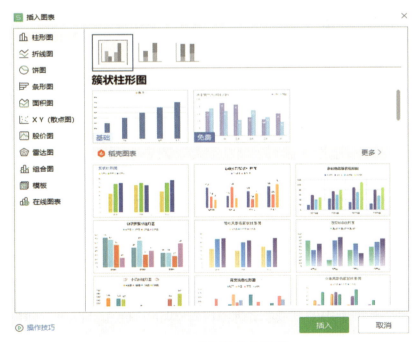

图 2-75　选择簇状柱形图

图 2-76　效果图——插入簇状柱形图

2. 插入折线图

折线图是电子表格中常见的图表样式之一，它可以直观地反映出数据变化趋势。

在工作表中插入折线图的操作步骤：选中 A1:B13 区域，单击"插入"选项卡中的"全部图表"下拉按钮，在弹出的下拉菜单中选择"全部图表"选项，在弹出的"插入图表"对话框中选择"折线图"选项卡中的"折线图"选项，单击"插入"按钮，即可在工作表中插入折线图，如图 2-77 所示。

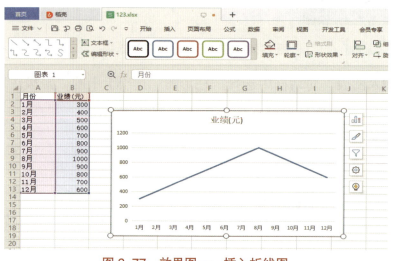

图 2-77　效果图——插入折线图

3. 插入条形图

条形图可以用宽度相同的条形来表示，通过比较高度或长短来表示数据多少。条形图便于显示各个项目之间的比较情况，可以更好地展示数据排名。

在工作表中插入条形图的操作步骤：选中 A1:B6 区域，单击"插入"选项卡中的"全部图表"下拉按钮，在弹出的下拉菜单中选择"全部图表"选项，在弹出的"插入图表"对话框中选择"条形图"选项卡中的"簇状条形图"，单击"插入"按钮，即可在工作表中插入簇状条形图，如图 2-78 所示。

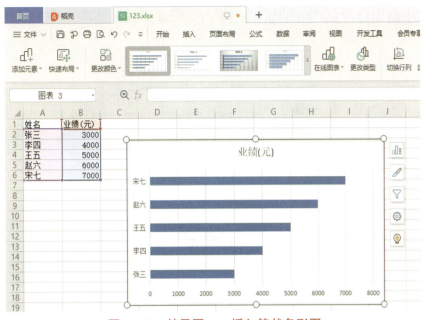

图 2-78　效果图——插入簇状条形图

4. 插入饼图

饼图可以显示一个数据系列中各项的大小与各项总和的比例。

在工作表中插入饼图的操作步骤：选中 **A1:B4** 区域，单击"插入"选项卡中的"全部图表"下拉按钮，在弹出的下拉菜单中选择"全部图表"选项，在弹出的"插入图表"对话框中选择"饼图"选项卡中的"饼图"选项，单击"插入"按钮，即可在工作表中插入饼图，如图 2-79 所示。

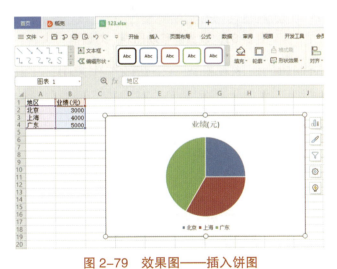

图 2-79　效果图——插入饼图

5. 移动图表位置

用户在创建图表之后，为了方便查看图表中的数据，会将图表移动到其他位置；有时也会为了强调图表数据的重要性，将创建的图表单独存放在一张工作表中，这两种情况都需要用到移动图表功能。本部分内容将以移动饼图为例讲解移动图表位置的操作。

将前面创建的饼图移动到一个新的工作表中，并将工作表名称设为"移动图表－饼图"

的操作步骤：选中前面已经创建好的饼图，单击"图表工具"选项卡中的"移动图表"按钮，如图 2-80 所示。

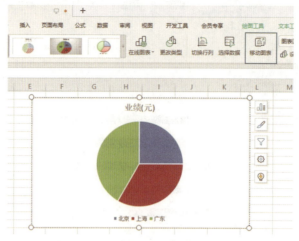

图 2-80　单击"移动图表"按钮

在弹出的"移动图表"对话框中选择"新工作表"单选按钮，在其右侧的文本框中输入"移动图表 – 饼图"信息，单击"确定"按钮，如图 2-81 所示。

图 2-81　设置"移动图表"对话框

完成后，即可将前面创建的饼图移动到一个新的工作表中，工作表名称为"移动图表 – 饼图"，如图 2-82 所示。

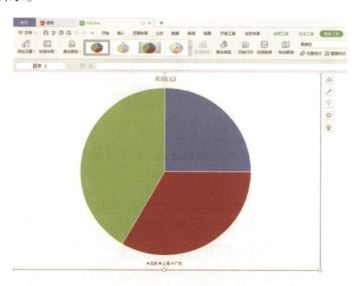

图 2-82　效果图——移动图表位置

6. 调整图表大小

创建好图表之后，图表的默认尺寸可能并不适合用户查看数据，这时会用到调整图表大小的功能。选中图表会发现图表区的四周有 6 个空心小圆点，使用鼠标拖拽这 6 个空心小圆点的任一个，都可以调整图表的大小。本部分内容以调整柱形图大小为例讲解调整图表大小的操作。

调整"1. 插入柱形图"中创建好的柱形图大小的操作步骤：选中已经创建好的柱形图，将鼠标指针放在图表左上角的空心小圆点上，此时指针将变成双向箭头。按住鼠标左键不放，拖拽鼠标，将柱形图调整到合适的尺寸之后，释放鼠标左键，即可调整柱形图的大小。

7. 更改图表类型

在创建好图表后，如果发现所选图表类型不合适，那么可以更改图表类型。

将折线图更改为柱形图的操作步骤：选中已创建好的折线图，单击"图表工具"选项卡中的"更改类型"按钮，如图 2-83 所示。

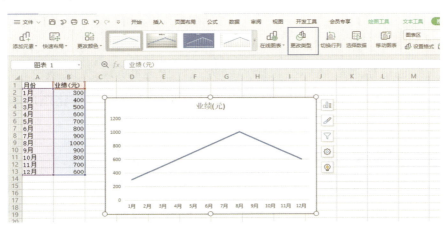

图 2-83　单击"更改类型"按钮

在弹出的"更改图表类型"对话框中重新选择"柱形图"选项卡中的"簇状柱形图"选项，单击"插入"按钮，如图 2-84 所示。

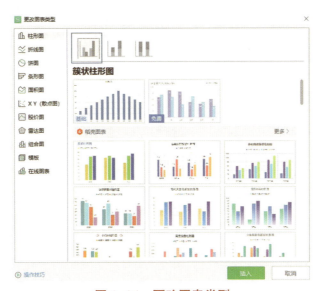

图 2-84　更改图表类型

返回工作表，此时折线图已更改为柱形图，如图 2-85 所示。

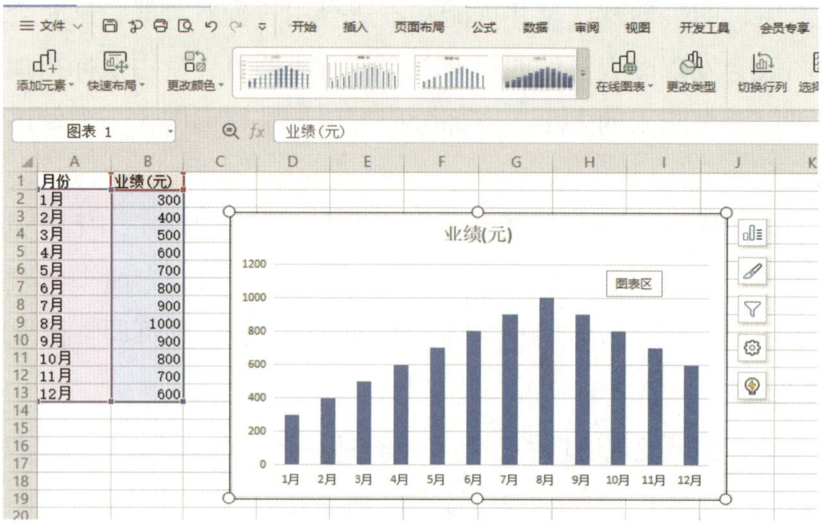

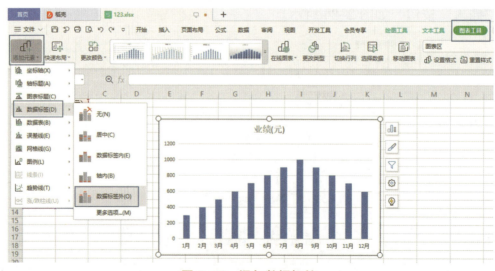

图 2-85　效果图—更改图表类型

2.4.3 图形美化

图形美化主要包括添加数据标签、添加趋势线、快速布局、更改颜色、更改图表样式、设置图表区域格式等操作。本部分内容我们以美化柱形图为例讲解美化图形的操作。

1. 添加数据标签

为了使所创建的图形更加清晰、明了，可以添加并设置数据标签。

为柱形图添加数据标签的操作步骤：选中柱形图，单击"图表工具"选项卡中的"添加元素"下拉按钮，在弹出的下拉菜单中选择"数据标签"选项，在弹出的子菜单中选择数据标签的位置，这里以选择"数据标签外"命令为例，这样就为柱形图添加了数据标签，如图 2-86、图 2-87 所示。

图 2-86　添加数据标签

图 2-87 效果图——添加数据标签

2. 添加趋势线

为数据添加趋势线的目的是能更加便捷地对数据系列中的数据变化趋势进行分析与预测。

为柱形图添加趋势线的操作步骤：选中柱形图，单击"图表工具"选项卡中的"添加元素"下拉按钮，在弹出的下拉菜单中选择"趋势线"选项，在弹出的子菜单中选择任意一种趋势线类型，即可为柱形图添加趋势线。

3. 快速布局

创建图形后，可以使用快速布局功能更改图表的布局。

为柱形图快速布局的操作步骤：选中柱形图，单击"图表工具"选项卡中的"快速布局"下拉按钮，在弹出的下拉菜单中任选一种布局模式，即可为柱形图快速布局。

4. 更改颜色

创建图形后，可以通过更改图形的颜色来美化图形。

为柱形图更改颜色的操作步骤：选中柱形图，单击"图表工具"选项卡中的"更改颜色"下拉按钮，在弹出的下拉菜单中任选一种颜色，即可为柱形图更改颜色。

5. 更改图表样式

WPS 表格中内置了多种图表样式，用户可以通过更改图表样式来美化图表。

为柱形图更改图表样式的操作步骤：选中柱形图，单击"图表工具"选项卡中的"样式库"下拉扩展按钮，在弹出的"预设样式"下拉面板中任选一种图表样式，即可为柱形图更改图表样式，如图 2-88 所示。

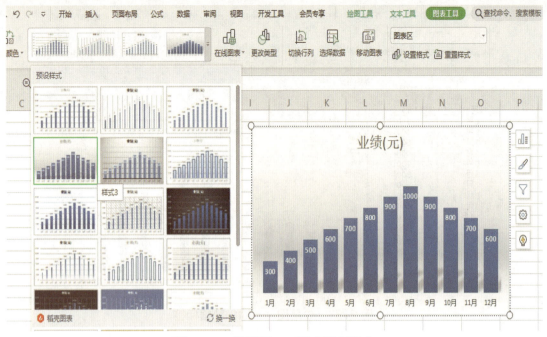

图 2-88　效果图——更改图表样式

6. 设置图表区域格式

为了更好地区分图表各个部分的内容，用户可以设置图表区域格式。

在柱形图中设置图表区域格式的操作步骤：选中柱形图的图表区，用鼠标右键单击，在弹出的快捷菜单中选择"设置图表区域格式"命令，如图 2-89 所示。

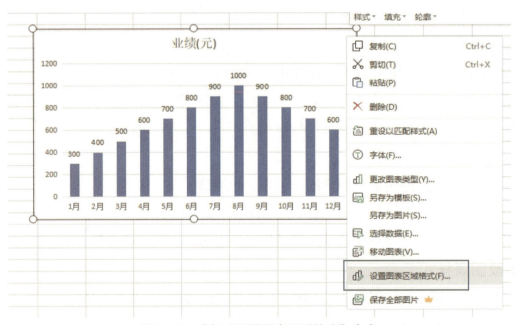

图 2-89　选择"设置图表区域格式"命令

在右侧的"属性"任务窗格中单击"图表选项"选项卡中的"填充与线条"按钮，选中"填充"栏中的"渐变填充"单选按钮；单击"文本选项"选项卡中的"填充与轮廓"按钮，在"文本填充"栏中的"颜色"下拉列表中任选一种颜色即可。用户也可以根据需要自行设置透明度、文本轮廓等，如图 2-90 所示。

图 2-90　设置"属性"操作

设置好的图表区域格式如图 2-91 所示。

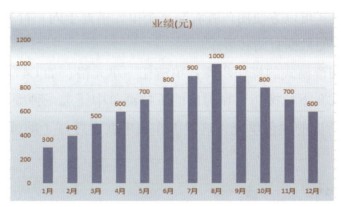

图 2-91　效果图——设置图表区域格式

设置绘图区格式、数据系列格式、坐标轴格式、网格线格式的操作和设置图表区域格式的操作类似，这里不再赘述。

2.5　电子表格的审阅与安全

学 思 践 悟

在共享和协作编辑数据时，我们要增强数据安全意识，合理设置权限，谨慎对待涉及个人隐私或商业机密的信息。良好的数据管理不仅是技术能力的体现，更是职业素养的体现。

学 习 目 标

本节的学习目标是使用户掌握设置长数字阅读、阅读模式和护眼模式的操作步骤，以及文件加密、保护工作簿、保护工作表和共享工作簿的基本操作。

2.5.1 电子表格的审阅 ⊙

电子表格的审阅主要包括设置长数字阅读、设置阅读模式、设置护眼模式等操作。

1. 设置长数字阅读

设置长数字阅读的目的是将数字的分隔符用中文显示出来，便于用户一眼看出多位数字的单位，对于财务人员尤其适合。

为数据设置长数字阅读的操作步骤：在任一单元格中输入一串长数字"1234567890"，用鼠标右键单击状态栏，在弹出的快捷菜单中勾选"带中文单位分隔"选项，即可对数据设置长数字阅读，如图 2-92所示。

图 2-92　设置长数字阅读

2. 设置阅读模式

电子表格的阅读模式可以方便用户查看与某个单元格处于同一行和同一列的数据，有效防止数据阅读串行，方便数据查阅和展示。

在工作表中设置阅读模式的操作步骤：单击任一单元格，如 C4 单元格，单击"视图"选项卡中的"阅读模式"下拉按钮，在弹出的下拉菜单中任选一种颜色，此时 C4 单元格所处的第 4 行 C 列就被所选的颜色填充，这样工作表中就设置好了阅读模式，如图 2-93、图2-94 所示。

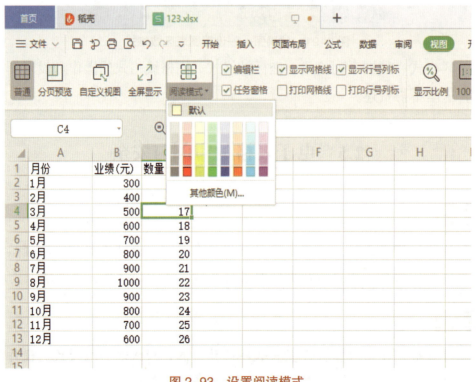

图 2-93　设置阅读模式

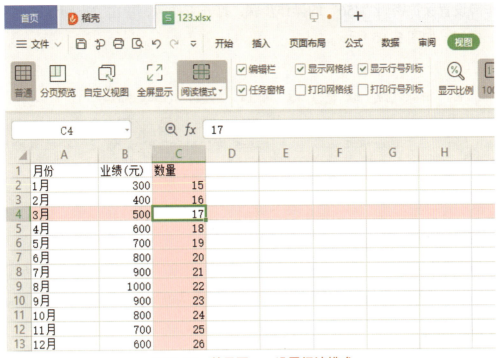

图 2-94　效果图——设置阅读模式

如需取消阅读模式，再次单击"阅读模式"按钮即可。

3. 设置护眼模式

在工作中长时间地进行复杂的数据处理、查找、阅读会让人用眼疲劳，护眼模式可以保护眼睛不易疲惫。

设置护眼模式的操作步骤：单击任一单元格，单击"视图"选项卡中的"护眼模式"按钮，即可在工作表中设置护眼模式。

如需取消护眼模式，再次单击"护眼模式"按钮即可。

2.5.2 电子表格的安全

电子表格的安全主要包括文件加密、保护工作簿、保护工作表、共享工作簿等操作。

1. 加密文件

文件加密的功能在于可以通过密码保护原始文件或限制进一步的修改。

对工作簿文件进行加密处理，设置密码为"123"的操作步骤：打开工作簿，单击"文件"按钮，选择"另存为"命令，单击"加密"按钮，弹出"密码加密"对话框，在"打开权限"选区中的"打开文件密码"文本框中输入"123"，在"再次输入密码"文本框中输入"123"。在"编辑权限"选区中的"修改文件密码"文本框中输入"123"，在"再次输入密码"文本框中输入"123"，单击"应用"按钮，单击"保存"按钮，即可对工作簿文件进行加密处理，密码为"123"。

2. 保护工作簿

保护工作簿是为了使工作簿的结构不被更改，如不被删除、移动、添加工作表等。

为工作簿设置保护密码"456"的操作步骤：打开工作簿，单击"审阅"选项卡中的"保护工作簿"按钮，如图 2-95 所示。

图 2-95　单击"保护工作簿"按钮

在弹出的"保护工作簿"对话框中的"密码（可选）"文本框中输入"456"，单击"确定"按钮，如图 2-96 所示。

在弹出的"确认密码"对话框中的"重新输入密码"文本框中再次输入"456"，单击"确定"按钮，即可对工作簿设置保护密码为"456"，如图 2-97 所示。

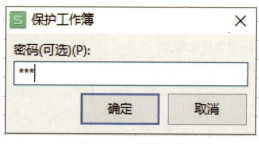

图 2-96　设置密码

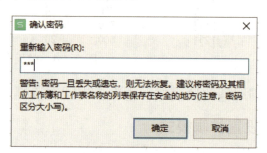

图 2-97　确认密码

3. 保护工作表

保护工作表可以通过设置密码对锁定的单元格进行保护，以防止工作表中的数据被更改。

为工作表设置保护密码"abc"的操作步骤：单击"审阅"选项卡中的"保护工作表"按钮，在弹出的"保护工作表"对话框中的"密码（可选）"文本框中输入"abc"，在"允许此工作表的所有用户进行"列表框中按照需要勾选权限项，单击"确定"按钮，在弹出的"确认密码"对话框中的"重新输入密码"文本框中再次输入"abc"，单击"确定"按钮，即可为工作表设置保护密码"abc"。

4. 共享工作簿

WPS 表格中的共享工作簿功能可允许多人同时编辑一个工作簿，共享的工作簿需要保存在允许多人打开此工作簿的网络位置。

对工作簿进行共享的操作步骤：打开工作簿，单击"审阅"选项卡中的"共享工作簿"下拉按钮，在弹出的下拉菜单中选择"共享工作簿"命令，在弹出的"共享工作簿"对话框中勾选"允许多用户同时编辑，同时允许工作簿合并"复选框，单击"确定"按钮，即可对工作簿进行共享。

2.6　电子表格的打印

学 思 践 悟

现代办公提倡绿色低碳，减少纸张浪费是我们共同的责任。在打印表格时，要优先选择电子存档，必要时使用双面打印，培养环保办公习惯，让节约成为一种自觉。

学 习 目 标

本节的学习目标是使用户熟练地应用电子表格打印的基本操作。

2.6.1 打印页面的设置

工作表中的数据存储并处理完之后，用户通常会将工作表打印到纸张上，此时就需要对打印页面进行设置。设置打印页面包括设置页面、设置页边距、设置页眉或页脚、设置打印区域和打印标题行、设置打印缩放及设置居中打印等操作。

1. 设置页面

用户可以对页面格式进行设置，包括设置页面纸张方向和纸张大小。

设置页面纸张方向为"纵向"，纸张大小为"A4"的操作步骤：单击"页面布局"选项卡中的"纸张方向"下拉按钮，在弹出的下拉菜单中选择"纵向"命令，如图 2-98 所示。

单击"纸张大小"下拉按钮，在弹出的下拉菜单中选择"A4"选项，如图 2-99 所示。

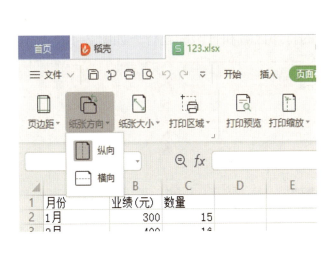

图 2-98　设置纸张方向

图 2-99　设置纸张大小

这样就将工作表的页面设置为纸张方向为"纵向"，纸张大小为"A4"。

2. 设置页边距

页边距是指工作表内容与页面边缘之间的距离。在打印时，为了让工作表符合预期排版，常常需要设置工作表的页边距。

设置页边距的操作步骤：单击"页面布局"选项卡中的"页边距"下拉按钮，在弹出的下拉菜单中选择需要的页边距样式，这样就为工作表设置好了页边距。

3. 设置页眉或页脚

电子表格中可以设置页眉或页脚。页眉是电子表格中每个页面的顶部区域，常用于显示表格的附加信息，可以插入页码、时间、图形、表格标题、文件名和工作表名等，这些信息通常打印在表格中每页的顶部。页脚是表格中每个页面的底部区域，也常用于显示表格的附加信息，可以在页脚中插入文本或图形，这些信息通常打印在表格中每页的底部。

设置页眉或页脚的操作步骤：单击"页面布局"选项卡中的"页面设置"对话框启动器按钮，在弹出的"页面设置"对话框中选择"页眉 / 页脚"选项卡，在"页眉"下拉列表框中选择"第 1 页，共?页"选项，在"页脚"下拉列表框中选择"第 1 页，共?页"选项，单击"确定"按钮，即可为工作表设置页眉、页脚。

4. 设置打印区域和打印标题行

在打印电子表格的过程中，有时为了使打印出来的表格更加美观且更具可读性，用户可以设置电子表格的打印页面。

图 2-100　单击"打印标题"按钮

设置打印区域和打印标题行的操作步骤：单击"页面布局"选项卡中的"打印标题"按钮，如图 2-100 所示。

在弹出的"页面设置"对话框中的"工作表"选项卡的"打印区域"参数框中输入需要打印的区域为"$A $1: $H $103"，在"打印标题"选区的"顶端标题行"参数框中输入" $1: $1"，单击"确定"按钮，即可设置工作表的打印区域和打印标题行，如图 2-101 所示。

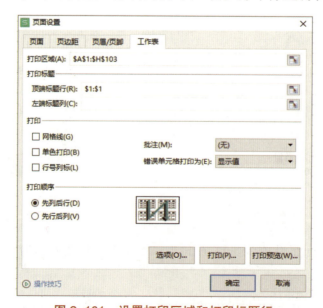

图 2-101　设置打印区域和打印标题行

5. 设置打印缩放

当电子表格中的内容过多过大时，若想将表格打印在一页纸上，则可以通过设置打印缩放来实现。

设置打印缩放的操作步骤：单击"页面布局"选项卡中的"打印缩放"下拉按钮，在弹出的下拉菜单中选择"将整个工作表打印在一页"命令，这样在打印时就可以将工作表所有内容打印在一页中，即完成了打印缩放。

6. 设置居中打印

用户在打印电子表格时，为了使打印出来的表格更加美观，可以设置居中打印。

设置居中打印的操作步骤：单击"页面布局"选项卡中的"打印标题"按钮，在弹出的"页面设置"对话框中单击"页边距"选项卡，在"居中方式"选区中勾选"水平"和"垂直"复选框，单击"确定"按钮，即可对工作表设置居中打印。

2.6.2 工作表的打印　◯

为了使打印出来的效果符合预期，用户在打印工作表之前，除了对电子表格设置打印页面外，还需要对工作表进行打印预览。用户在打印工作表时可以进行打印预览、打印网格线和行号列标、打印选定区域、打印选定工作表、打印整个工作簿等操作。

1. 打印预览

打印预览可以帮助用户在打印工作表之前，预览打印出来的效果是否符合预期。

设置打印预览的操作步骤：单击"页面布局"选项卡中的"打印预览"按钮，即可对工作表进行打印预览。

2. 打印网格线和行号列标

在实际应用中，打印电子表格时，系统默认不打印网格线和行号列标。若想打印网格线和行号列标，则需要进行设置。

设置打印网格线和行号列标的操作步骤：单击"页面布局"选项卡中的"打印标题"按钮，在弹出的"页面设置"对话框中的"工作表"选项卡中的"打印"选区中勾选"网格线"和"行号列标"复选框，即可为工作表设置打印网格线和行号列标。

3. 打印选定区域

在工作中，有时只需要打印工作表的一部分区域，可以通过打印选定区域的操作来完成。

（1）打印工作表连续区域 A1:F5 的操作步骤：单击"页面布局"选项卡中的"打印标题"按钮，在弹出的"页面设置"对话框中的"工作表"选项卡的"打印区域"参数框中输入"$A$1: $F$5"，单击"确定"按钮；单击"文件"按钮，选择"打印"命令，在弹出的"打印"对话框中单击"打印内容"选区中的"选定区域"单选按钮，单击"确定"按钮，即可打印工作表连续区域 A1:F5。

（2）打印不连续区域 A1:F5 和 A8:F9 的操作步骤：单击"页面布局"选项卡中的"打印标题"按钮，在弹出的"页面设置"对话框中的"工作表"选项卡的"打印区域"参数框中输入"$A$1: $F$5, $A$8: $F$9"，单击"确定"按钮；单击"文件"按钮，选择"打印"命令，在弹出的"打印"对话框中选中"打印内容"选区中的"选定区域"单选按钮，单击"确定"按钮，即可打印工作表不连续区域 A1:F5 和 A8:F9。

4. 打印选定工作表

当电子表格中有多个工作表时，有时只需要打印一个工作表，可以通过打印选定工作表的操作来完成。

打印工作簿中的 Sheet2 工作表的操作步骤：打开工作簿中的 Sheet2 工作表，单击"文件"按钮，选择"打印"命令，如图 2-102 所示。

在弹出的"打印"对话框中选中"打印内容"栏中的"选定工作表"单选按钮，单击"确定"按钮，即可打印工作簿中的 Sheet2 工作表，如图 2-103 所示。

图 2-102　选择"打印"命令　　　　图 2-103　设置打印选定工作表

5. 打印整个工作簿

在工作中，当工作簿中的所有内容都需要被打印出来时，用户可以通过打印整个工作簿的操作来完成。

打印整个工作簿的操作步骤：打开工作簿，单击"文件"按钮，选择"打印"命令，在弹出的"打印"对话框中选中"打印内容"选区中的"整个工作簿"单选按钮，单击"确定"按钮，即可打印整个工作簿。

2.7　WPS 表格练习题

学 思 践 悟

　　数据不仅是数字的排列，更是信息的呈现。思考如何在数据管理中保持严谨的职业态度，做到真实、准确、科学。

一、单选题

1. 在 WPS 表格中函数 MIN（12，0，4，7）的返回值是（　　）。

　　A.12　　　　　　B.0　　　　　　C.4　　　　　　D.7

2. 在 WPS 表格中函数 SUM（12，0，4，8）的返回值是（　　）。

　　A.0　　　　　　B.12　　　　　　C.6　　　　　　D.24

3. 在 WPS 表格中，若 A1 存放 5，则函数 AVERAGE（10*A1，AVERAGE（12，0））的值是（　　）。

　　A.26　　　　　　B.27　　　　　　C.28　　　　　　D.29

4. 在 WPS 表格中，若单元格 A1 和 A2 中分别存放数值 10 和字符"A"，则 A3 中函数"=COUNT（10，A1，A2）"的计算结果是（　　）。

　　A.1　　　　　　B.2　　　　　　C.3　　　　　　D.10

5. 在 WPS 表格工作表的单元格中输入日期 2016 年 10 月 18 日，下列输入中不正确的是（　　）。

　　A.42661　　　　B.2016/10/18　　　C.2016–10–18　　D.2016 年 10 月 18 日

6. 在 WPS 表格工作表中，若某单元格用"=AVERAGE（A1:C3）"进行计算，结果为 5，则用"=SUM（A1:C3）"进行计算的结果为（　　）。

　　A.45　　　　　　B.15　　　　　　C.5　　　　　　D.0

7. 在 WPS 表格工作表中，若 C7、D7 单元格已分别输入数值 2 和 5，选中这两个单元格后，按住鼠标左键横向拖拽填充柄，则填充的数据是（　　）。

　　A.2　　　　　　B.5　　　　　　C.8　　　　　　D.9

8. 在 WPS 表格中，（　　）是用于对选定区域中满足设定条件的单元格设置格式。

　　A. 条件格式　　B. 模板　　　　C. 样式　　　　　D. 自动套用格式

9. 在 WPS 表格的函数中，显示当前日期的函数是（　　）。

　　A.DATE　　　　B.TODAY　　　　C.YEAR　　　　D.COUNT

10. 在 WPS 表格中，使用（　　）命令，可以设置允许打开工作簿但不能修改被保护的部分。

　　A. 共享工作簿　　B."另存为"　　　C. 保护工作表　　D. 保护工作簿

二、多选题

1. 在 WPS 表格中，有关图表说法正确的有（　　　　）。

　　A. 删除数据源对图表没有影响

　　B. "图表"选项在"插入"选项卡下

　　C. 删除图表对数据源没有影响

　　D. 折线图可以直观地反映出数据变化趋势

2. 在 WPS 表格中，可以通过（　　　　）修改已创建的图表类型。

　　A. 单击"图表工具"选项卡，选择"更改类型"命令

　　B. 单击"绘图工具"选项卡，选择"更改类型"命令

　　C. 用鼠标右键单击图表，在快捷菜单中选择"更改图表类型"命令

　　D. 单击"文本工具"选项卡，选择"更改类型"命令

3. 在 WPS 表格中，利用填充功能可以方便地实现（　　　　）的填充。

　　A. 多项式　　　　　B. 等差数列　　　　　　C. 方程组　　　　　　　D. 等比数列

4. 在 WPS 表格中，下面说法正确的是（　　　　）。

　　A. 对数据设置长数字阅读的目的是将数字的分隔符用中文显示出来，便于用户一眼看出多位数字的单位，对于财务人员尤其适合

　　B. 可以通过"审阅"选项卡设置护眼模式

　　C. 可以通过"视图"选项卡设置阅读模式

　　D. 文件加密的功能在于可以通过密码保护原始文件或限制进一步的修改

5. 下面关于 WPS 表格工作表的重命名叙述中，正确的是（　　　　）。

　　A. 复制的工作表将自动在后面加上数字

　　B. 一个工作簿中不允许具有名字相同的多个工作表

　　C. 工作表在命名后还可以修改

　　D. 工作表的名字只允许以字母开头

三、操作题

课程名称	线上销量	线下销量
WPS 办公应用课程	2320	1882
WPS 演示文稿课程	3780	3306
WPS 表格课程	1350	1012
VBA 课程	986	722
Python 课程	3408	2952

操作要求：

（1）将 Sheet1 工作表重命名为"课程销量"。

（2）在第一行添加标题"课程销量"。在第六行上方插入一行，并按要求填写：课程名称为 Powerbi 课程；线上销量为 2345；线下销量为 549。将第八行移至第六行之前。

（3）在 D2 单元格中输入"平均销量"，在 A9 单元格中输入"总销量"，在 A10 单元格中输入"课程数量"；使用函数在 D3:D8 区域计算每个课程线上销量和线下销量的"平均销量"；使用函数在 B9:C9 区域分别计算线上销量和线下销量的"总销量"；使用函数在 B10 单元格中计算"课程数量"。

（4）选中 A1:D1 区域合并居中，并设置字体为黑体，字号为 16，斜体；选中 A1:D1 区域设置图案，具体要求：颜色选择"第二行第五个"，图案样式选择"第三行第一个"，图案颜色选择"标准色浅绿"。选中 B10:C10 区域合并居中。

（5）将 B3:B8 区域大于 3 000 的单元格设置条件格式，内容为"浅红填充色深红色文本"；将 C3:C8 区域包含 8 的单元格设置条件格式，内容为"绿填充色深绿色文本"；将 D3:D8 区域介于 2 000~4 000 的单元格设置条件格式，内容为"黄填充色深黄色文本"。

（6）选中 A2:D10 区域设置边框，具体要求为：颜色选择"橙色，着色 4，浅色 80%"，样式选择"最密的点线下方的点线"，边框选择"内部"；样式选择"最粗的实线上方的实线"，边框选择"外边框"。

（7）选中 A2:D10 区域并设置字体为方正舒体，字号为 14，设置对齐方式为垂直居中、水平居中，行高为 22 磅，列宽为 22 字符。

（8）选中 B9:C9 区域设置数字格式，具体要求：设置为"数值"样式并保留整数，勾选"使用千位分隔符"复选框。

（9）复制"课程销量"工作表，并将其移到最后，将"课程销量（2）"工作表重命名为"图形制作"。

（10）单击"图形制作"工作表，选中 A2:A8 区域、D2:D8 区域制作簇状条形图，将图表标题修改为"课程平均销量"；为簇状条形图添加数据标签，选择"数据标签外"命令；为簇状条形图更改颜色为"彩色第三行第一个"；将图表样式设置为"样式 7"；设置横坐标轴格式，具体要求：坐标轴选项下坐标轴的边界的最小值改为"500"。

（11）在 A12:D12 区域输入等比数列，最初数据为 3，步长值为 3，终止值为 81。

（12）将"课程销量"工作表设置页面纸张方向为"横向"，纸张大小为"B5"，设置"居中打印"，居中方式为"水平和垂直"；页边距设置为"上、下、左、右边距均为 3 厘米"，页眉、页脚间距均为 3 厘米；设置页脚：页脚选中"第 1 页"；设置打印网格线和行号列标。

（13）将"WPS 表格"工作簿设置保护密码为"000000"。

第3章
WPS 演示

WPS 演示是 WPS Office 2019 中专门制作和展示演示文稿的软件，可以制作出包括文字、图片、视频等多种内容的演示文稿，将需要表达的内容直观明了地展示给观众，被广泛应用于各类宣传展览、课堂培训等领域，它也是 WPS Office 的重要组成部分。本章将讲解演示文稿的一些基本操作，包括演示文稿的创建、编辑、排版、动画制作、定稿和演示等内容。

3.1　演示文稿的创建

学 思 践 悟

一场优秀的演示不仅仅是 PPT 的展示，更是沟通能力的体现。在制作演示文稿时，我们要学会清晰表达核心观点，培养逻辑思维能力，让观众能够准确理解演示内容。

学 习 目 标

本节从新建演示文稿开始，介绍演示文稿的基本概念和操作，熟悉演示文稿的使用技巧，达到掌握技能、熟练操作的目的。

3.1.1 演示文稿的新建

新建演示文稿，可以通过以下 4 种方法。

方法一：主导航栏新建。打开 WPS 演示，在打开的软件界面左侧的主导航栏中单击"新建"按钮，即可新建一个空白演示文稿，如图 3-1 所示。

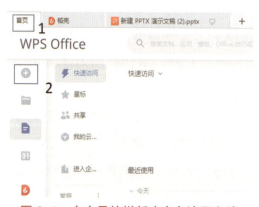

图 3-1　在主导航栏新建空白演示文稿

方法二：标签栏新建。在已打开的 WPS 演示文稿中，单击标签栏中的"+"按钮，即可新建一个空白演示文稿，如图 3-2 所示。

图 3-2　在标签栏新建空白演示文稿

方法三："文件"菜单新建。在已打开的 WPS 演示文稿中，单击"文件"菜单中的"新建"命令，即可新建一个空白演示文稿，如图 3-3 所示。

图 3-3　从"文件"菜单新建空白演示文稿

方法四：组合键新建。在已打开的 WPS 演示文稿中，使用"Ctrl+N"组合键快速创建一个空白演示文稿。

当新建了一个演示文稿后，可以更改演示文稿的大小及页面比例，具体方法如下：单击"设计"选项卡中的"幻灯片大小"下拉按钮，在弹出的下拉菜单中，可以将幻灯片大小设置为标准（4∶3）或宽屏（16∶9），如图 3-4 所示。也可以选择"自定义大小"命令，在弹出的"页面设置"对话框中设置特殊尺寸的幻灯片，如图 3-5 所示。

图 3-4　更改幻灯片的大小

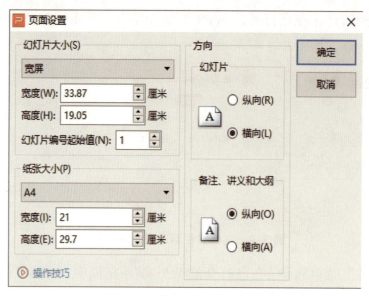

图 3-5　自定义幻灯片大小

3.1.2 演示文稿的打开

打开已有演示文稿，可以通过以下 3 种方法。

方法一：双击打开。选中演示文稿，双击打开。

方法二：右键打开。用鼠标右键单击要打开的演示文稿，在弹出的快捷菜单中选择"打开"命令，如图 3-6 所示。

图 3-6　右键打开已有演示文稿

方法三："文件"菜单打开。在已打开的 WPS 演示文稿中，选择"文件"菜单中的"打开"命令，如图 3-7 所示。

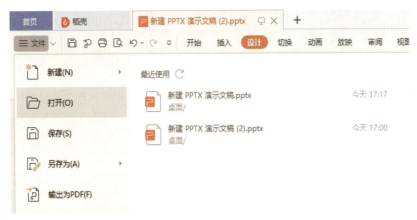

图 3-7　从"文件"菜单中打开演示文稿

在弹出的"打开文件"对话框中选择想要打开的演示文稿即可，如图 3-8 所示。

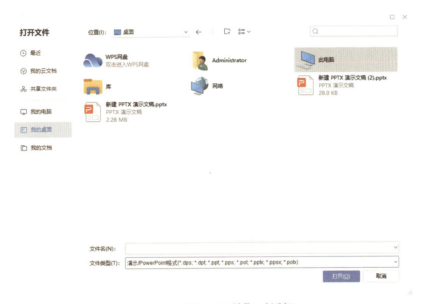

图 3-8　"打开文件"对话框

3.1.3 演示文稿的退出

结束演示文稿编辑，可以通过以下 3 种方法退出演示文稿。

方法一：单击演示文稿标签右侧的"关闭"按钮，即可退出演示文稿，如图 3-9 所示。

图 3-9　"关闭"按钮方式退出演示文稿

方法二：选择"文件"菜单中的"退出"命令，即可退出演示文稿，如图 3-10 所示。

图 3-10　"文件"菜单方式退出演示文稿

方法三：使用"Ctrl+F4"组合键，即可退出演示文稿。

若正在编辑的演示文稿存在变动且未保存，则在退出演示文稿时会提示用户是否保存演示文稿，如图 3-11 所示。

图 3-11　退出演示文稿时弹出的"是否保存文档"对话框

3.1.4 模板资源库的使用

为了提高工作效率，在创建演示文稿的时候可以选择从模板创建，具体操作步骤：选择"文件"菜单中的"新建"命令，在弹出的子菜单中选择模板即可，如图 3-12 所示。WPS 演示为用户在本地和网络上提供了丰富的模板资源库，用户可以根据需要在资源库中选择合适的模板。

图 3-12　使用模板创建演示文稿

3.2　演示文稿的编辑

学 思 践 悟

选择合适的语言风格、视觉元素和排版方式，是一名专业工作者应具备的能力。在编辑演示文稿时，我们要注重信息的条理性和视觉的协调性，培养良好的审美意识。

学 习 目 标

本节旨在使读者熟练掌握演示文稿的编辑技巧，包括界面布局、视图应用、幻灯片操作、对象属性设置及图文混排等内容，提升演示文稿的编辑效率和专业性。

3.2.1 界面布局

WPS演示的界面大致可以分为6个部分：标签栏、功能区、编辑区、导航窗格、任务窗格、状态栏。

1. 标签栏

标签栏用于演示文稿标签切换和窗口控制，包括标签区和窗口控制区。标签区主要用于访问、切换和新建演示文稿；窗口控制区主要用于实现工作窗口的最小化、缩放和关闭操作，同时提供登录功能、账号切换及账号管理服务，如图3-13所示。

图 3-13　标签栏

2. 功能区

功能区承载了各类功能入口，包括文件菜单、快速访问工具栏、功能区选项卡、快捷搜索框、协作状态区等，如图3-14所示。

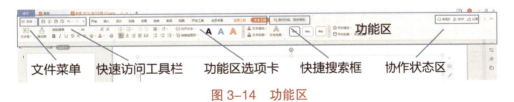

图 3-14　功能区

3. 编辑区

编辑区是内容编辑和呈现的主要区域，包括演示文稿页面、标尺、滚动条、备注窗格等，如图3-15所示。

图 3-15　编辑区

4. 导航窗格和任务窗格

导航窗格默认位于编辑界面的左侧，可以帮助用户浏览演示文稿或快速定位特定内容，如图 3-16 所示。单击导航窗格工具栏中的按钮可以切换窗格，如"幻灯片"导航窗格、"大纲"导航窗格等。

任务窗格默认位于编辑界面的右侧，可以执行一些附加的高级编辑命令。任务窗格默认收起而只显示任务窗格工具栏，单击工具栏中的按钮可以展开或收起任务窗格，执行特定命令操作或双击特定对象时也将展开相应的任务窗格。按"Ctrl+F1"组合键可以在展开任务窗格、收起任务窗格和隐藏任务窗格 3 种状态之间进行切换。

图 3-16　导航窗格和任务窗格

5. 状态栏

状态栏可以显示演示文稿的状态信息和提供视图控制功能，如图 3-17 所示。状态信息区可以显示演示文稿的页数等信息；视图控制区的"普通视图""幻灯片浏览视图""阅读视图"等按钮可以在不同视图之间快速切换，以及设置"从当前幻灯片开始播放"；在缩放比例控制区拖拽滚动条可快速调整页面显示比例，或单击左侧"最佳显示比例"按钮自动调整至最佳显示比例。

图 3-17　状态栏

3.2.2 视图应用

WPS 演示中根据不同用户对幻灯片浏览的需求提供了 5 种视图：普通视图、幻灯片浏览视图、备注页视图、阅读视图和幻灯片母版视图。默认情况下，演示文稿的视图模式为普通视图。

在已打开的演示文稿中，单击功能区中的"视图"选项卡，可以选择不同的显示视图，如图 3-18 所示。

图 3-18　在"视图"选项卡中选择视图模式

1. 普通视图

普通视图是为了便于编辑演示文稿的内容而设计的，单击"视图"选项卡中的"普通"按钮，进入普通视图，在该视图模式下，可撰写或设计演示文稿。分为左侧导航区和右侧编辑区，如图 3-19 所示。

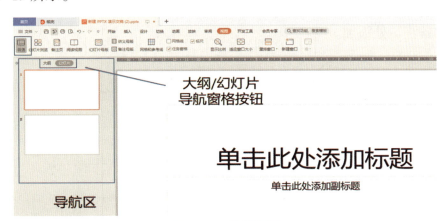

图 3-19　普通视图

2. 幻灯片浏览视图

幻灯片浏览视图的作用是便于对幻灯片进行快捷更改与排版，单击"视图"选项卡中的"幻灯片浏览"按钮，即可进入幻灯片浏览视图，在该视图模式下可以拖拽幻灯片调整顺序。如图 3-20（a）所示为拖拽前的幻灯片排版，使用鼠标将两张幻灯片调换位置即可得到新的幻灯片排版，如图 3-20（b）所示。

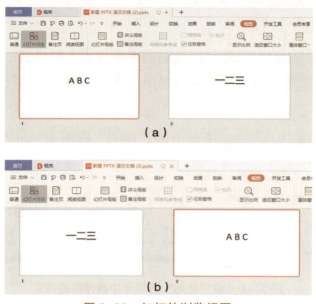

图 3-20 幻灯片浏览视图
（a）拖拽前幻灯片排版   （b）拖拽后幻灯片排版

3. 备注页视图

单击"视图"选项卡中的"备注页"按钮，即可进入备注页视图，在该视图模式下可以对当前幻灯片添加备注，如图 3-21 所示。备注功能也可在普通视图模式下方的备注页中的"单击此处添加备注"处添加。

图 3-21 备注页视图

4. 阅读视图

阅读视图的作用是可以在 WPS 窗口播放幻灯片时，方便地查看动画的切换效果，单击"视图"选项卡中的"阅读视图"按钮，即可进入阅读视图，在该视图模式下，用户所看到的演示文稿就是观众将看到的效果。

5. 幻灯片母版视图

母版在幻灯片制作之初就要设置，它决定着幻灯片的"背景"。例如，当用户使用"Ctrl+M"组合键新建幻灯片时，会出现一个空白幻灯片，有些幻灯片是白色，有些幻灯片是灰色，原因就在于母版的设置不同，如果当前幻灯片的母版底色为灰色，那么新建幻灯片出现的就是灰色背景。

单击"视图"选项卡中的"幻灯片母版"按钮打开母版视图，在母版视图下，用户可以查看、编辑或关闭母版，如图 3-22 所示。幻灯片母版分为讲义母版和备注母版。

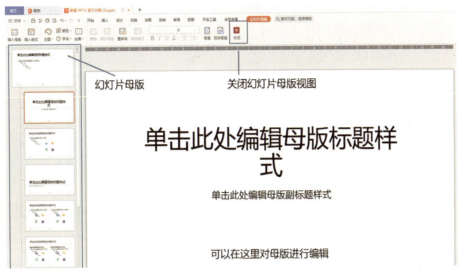

图 3-22　母版视图

（1）讲义母版

在打印幻灯片时，经常需要将幻灯片打印成讲义分发给观众。将幻灯片打印成讲义形式时，会在每张幻灯片旁边留下空白，便于填写备注。单击"视图"选项卡中的"讲义母版"按钮，此时进入讲义母版模式，如图 3-23 所示。

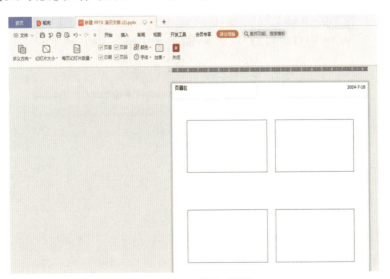

图 3-23　讲义母版

（2）备注母版

在做演示文稿时，一般会把需要展示给观众的内容放在幻灯片里，不需要展示的内容写在备注里。如果需要把备注打印出来，可以使用备注母版功能快速设置备注。

备注母版的作用是自定义演示文稿的备注视图，以便于打印备注页。单击"视图"选项卡中的"备注母版"按钮，此时进入备注母版编辑模式，如图3-24所示。

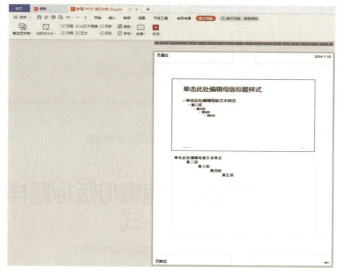

图3-24 备注母版

3.2.3 幻灯片操作

1. 插入幻灯片

方法一：在幻灯片导航窗格中要插入幻灯片的位置单击鼠标右键，在弹出的快捷菜单中选择"新建幻灯片"命令，如图3-25所示。即可在选中的幻灯片的下方插入一张新的空白幻灯片，并自动应用幻灯片版式。

图3-25 单击鼠标右键插入幻灯片

方法二：单击幻灯片导航窗格中的一张幻灯片，然后按Enter键或者"Ctrl+M"组合键，即可在选中的幻灯片下方插入一张新的幻灯片，并自动应用幻灯片版式。

2. 复制幻灯片

用鼠标右键单击演示文稿左侧的幻灯片导航窗格中要复制的幻灯片，在弹出的快捷菜单中选择"复制"命令，如图 3-26 所示。

　　在导航窗格中想要插入幻灯片的位置单击鼠标右键，在弹出的快捷菜单中选择"粘贴"命令，即可插入一张与复制的幻灯片格式和内容相同的幻灯片，如图 3-27 所示。

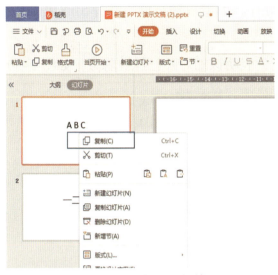

图 3-26　复制幻灯片　　　　　　　　图 3-27　粘贴幻灯片

3. 移动幻灯片

　　移动幻灯片的方法很简单，只需在演示文稿左侧的幻灯片导航窗格中选中要移动的幻灯片，然后按住鼠标左键不放，将其拖拽至要移动的位置后释放鼠标左键即可。

4. 删除幻灯片

　　如果演示文稿中有多余的幻灯片，那么用户可以将其删除。在左侧的幻灯片导航窗格中选中要删除的幻灯片，单击鼠标右键，在弹出的快捷菜单中选择"删除幻灯片"命令，即可将选中的幻灯片删除，如图 3-28 所示。

图 3-28　删除幻灯片

5. 隐藏与显示幻灯片

当用户不想放映演示文稿中的某些幻灯片时，可以将其隐藏。隐藏幻灯片的具体操作如下。

在左侧幻灯片导航窗格中选中要隐藏的幻灯片，单击鼠标右键，在弹出的快捷菜单中选择"隐藏幻灯片"命令，如图 3-29 所示。

此时，在该幻灯片的标号上会显示一条斜线，表明该幻灯片已经被隐藏，如图 3-30 所示。

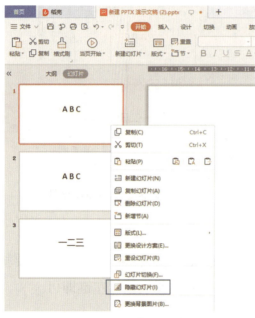

图 3-29　隐藏幻灯片　　　　　　　图 3-30　隐藏后的幻灯片

如果要取消隐藏幻灯片，那么只需要选中相应的幻灯片，然后再进行一次上述操作即可，如图 3-31 所示。

图 3-31　取消隐藏幻灯片

3.2.4 对象属性操作

在演示文稿中，可将幻灯片中的一切元素都看成是一个对象，如文本框、艺术字、图片、表格等，用户可以对该对象设置属性。接下来，以背景对象为例介绍属性设置，具体操作如下。

1）在左侧幻灯片导航窗格中选择一张幻灯片，单击"设计"选项卡中的"背景"按钮，会在窗口右侧弹出"对象属性"任务窗格，如图3-32所示。用户可以在此任务窗格中更改背景对象属性，如设置填充、透明度、亮度等。

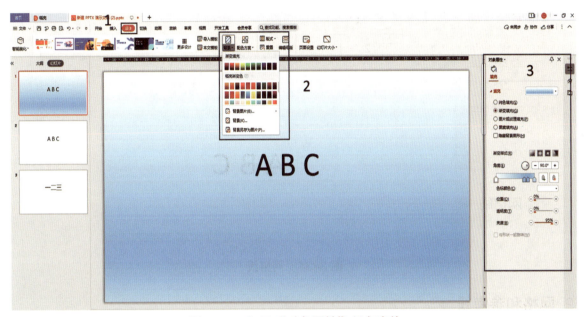

图3-32　打开"对象属性"任务窗格

2）在"对象属性"任务窗格中选中"纯色填充"单选按钮，在"颜色"下拉面板中选择"绿色"，"透明度"设置为30%，如图3-33所示。

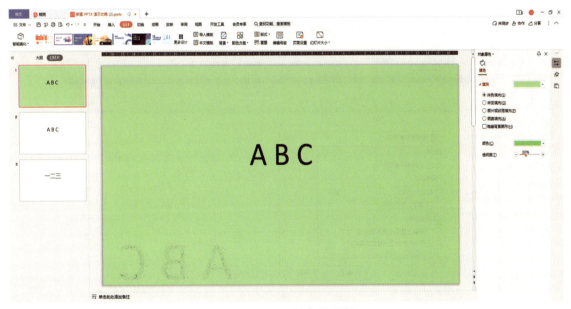

图3-33　设置背景属性

3.2.5 认识编辑区 🔘

在打开的演示文稿中，最中间的区域是编辑区，用户可以在该区域撰写和设计幻灯片的具体内容。本小节将着重介绍视图中的网格线、网格和参考线、标尺的具体应用。

1. 网格线

设置网格线的具体操作步骤如下。

单击"视图"选项卡，勾选"网格线"复选框，就可以在编辑区显示幻灯片的网格线。网格线可以方便用户编辑对象，使幻灯片设计更加美观，如图 3-34 所示。

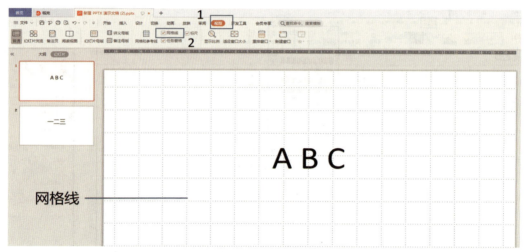

图 3-34 网格线

2. 网格和参考线

在编辑区，用户还可以设置网格和参考线，具体操作步骤如下。

单击"视图"选项卡中的"网格和参考线"按钮，弹出"网格线和参考线"对话框，就可以对网格和参考线进行相应设置，如图 3-35 所示。

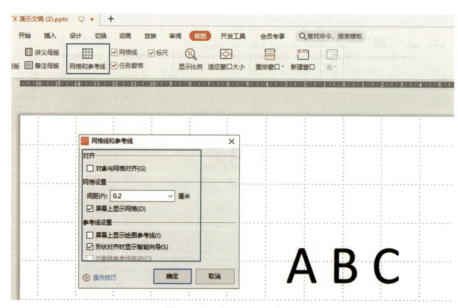

图 3-35 网格和参考线

3. 标尺

在编辑区，用户还可以设置标尺，具体操作步骤如下。

单击"视图"选项卡，勾选"标尺"复选框，就可以在编辑区上方显示幻灯片标尺，如图 3-36 所示。

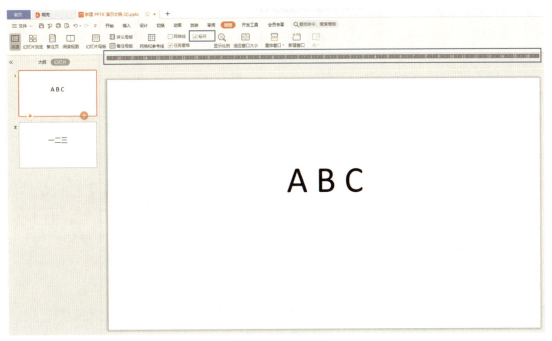

图 3-36　标尺

3.2.6 文本编辑

幻灯片中的文本编辑可通过插入文本框来实现，这里以插入横向文本框为例来讲解文本编辑的操作步骤。

在幻灯片中插入文本框的具体操作步骤如下。

1）单击"插入"选项卡中的"文本框"下拉按钮，在弹出的下拉菜单中选择"横向文本框"命令，如图 3-37 所示。

图 3-37　选择"横向文本框"命令

2）此时鼠标指针会变成"+"形状，按住鼠标左键不放，拖拽鼠标即可绘制一个横向文本框，在其中输入"WPS 办公应用"，如图 3-38 所示。

图 3-38　插入横向文本框并输入内容

3）选中"WPS 办公应用"文本，在"开始"选项卡或"文本工具"选项卡中的"字体"组合框中调整字体，"字号"组合框中调整字号，如图 3-39 所示。

图 3-39　调整字体、字号

或者选中"WPS 办公应用"文本，在选中的文本上单击鼠标右键，在弹出的快捷菜单中选择"字体"命令，如图 3-40 所示。

图 3-40　选择"字体"命令

在弹出的"字体"对话框中，单击"字体"选项卡，在"中文字体"下拉列表框中选择"仿宋"，在"字号"列表框中选择"54"，如图 3-41 所示。

图 3-41 "字体"对话框

设置后的字体样式如图 3-42 所示。

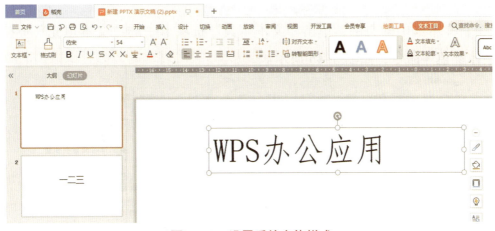

图 3-42　设置后的字体样式

4）为了使文本框更有特色，可以对文本框进行填充和轮廓设置。选中文本"办公"，采取步骤 3）中的方法对其进行设置，并设置字号为"66"，在功能区里选择"文本工具"选项卡中的"样式"库里的"填充—沙棕色，着色 2，轮廓—着色 2"预设样式，效果如图 3-43 所示。

图 3-43 设置"办公"字体样式

5）使用同样的方法，插入一个横向文本框，输入"二〇二四年七月十一日"，设置字体为"楷体"，字号为"36"，如图 3-44 所示。

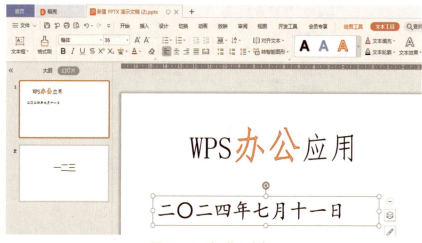

图 3-44 新增文本框

6）选中新文本框中的文字，单击"文本工具"选项卡中的"文本填充"下拉按钮，选择"其他字体颜色"命令，如图 3-45 所示。

图 3-45 设置文本填充色

弹出"颜色"对话框，在"自定义"选项卡中的"颜色模式"下拉列表框中选择"RGB"选项，调整"红色""绿色""蓝色"的值分别为"170""105"和"100"，如图 3-46 所示。

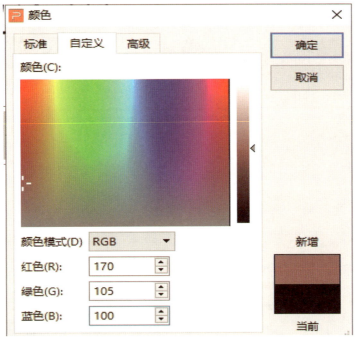

图 3-46　"颜色"对话框

3.2.7 图片插入 ●

在日常工作中，图片已经成为演示文稿的必备要素之一，好的图片可以让画面更美观、主题更突出，从而获得更佳的演示效果。用户可以从本地图片、分页插图、手机传图中插入图片，这里以插入本地图片为例进行讲解，具体操作步骤如下。

单击"插入"选项卡中的"图片"下拉按钮，在弹出的下拉菜单中选择"本地图片"命令，如图 3-47 所示。

图 3-47　插入本地图片

在弹出的"插入图片"对话框中找到本地存放的图片，如图 3-48 所示。单击"打开"按钮，此时就将图片插入幻灯片中了，选中插入的图片，按住鼠标左键拖拽到合适位置，效果如图 3-49 所示。

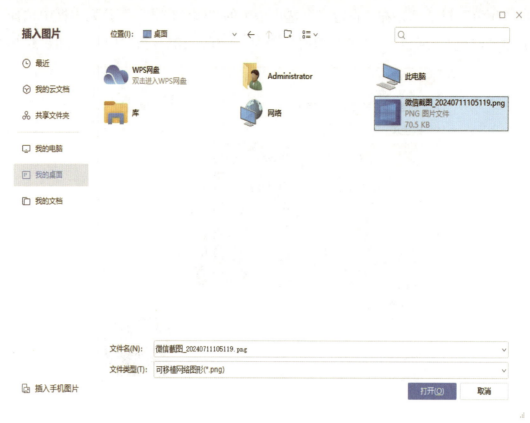

图 3-48　选择图片

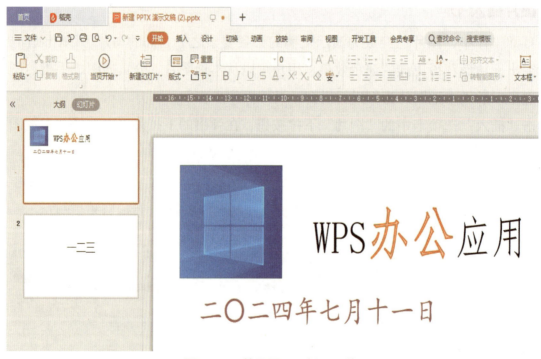

图 3-49　效果图——插入图片

可以使用鼠标右键更改已经插入的图片，具体操作步骤如下。

在幻灯片中，选中要更改的图片，单击鼠标右键，在弹出的快捷菜单中选择"更改图片"命令，即可重新选择上传的图片，如图 3-50 所示。

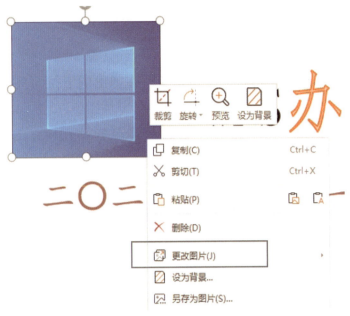

图 3-50 更改图片

为了美观可以对图片进行属性设置，具体操作步骤如下。

在幻灯片的编辑区中，选中要设置的图片，单击鼠标右键，在弹出的快捷菜单中选择"设置对象格式"命令，即可打开右侧的"对象属性"任务窗格，在该任务窗格中可以设置该图片的填充、大小、线条等属性，如图 3-51 所示。

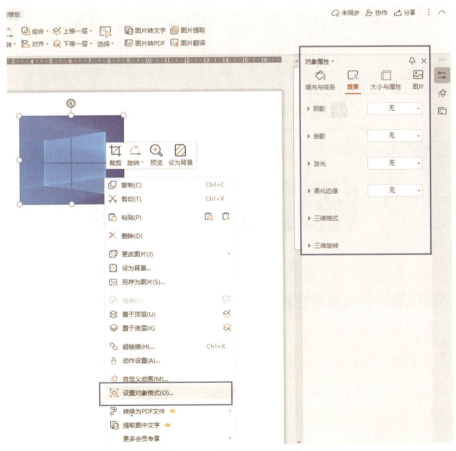

图 3-51 设置图片属性

3.2.8 形状插入

在幻灯片中插入形状的具体操作步骤如下。

单击"插入"选项卡中的"形状"下拉按钮，在弹出的下拉面板中选择"圆角矩形"选项，如图 3-52 所示。

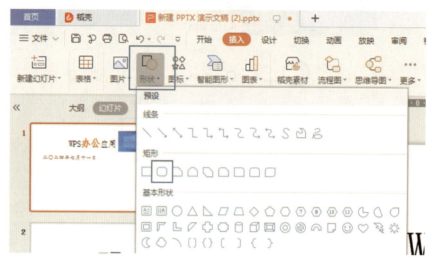

图 3-52　插入形状

当鼠标指针变成"+"时，按住鼠标左键不放，拖拽鼠标即可绘制一个圆角矩形。用鼠标右键单击圆角矩形，在弹出的快捷菜单中选择"编辑文字"命令，输入文字"一二三"，并按照设置文本框字体属性的方法将字体设置为"黑体""40"，圆角矩形默认为蓝色，如图 3-53 所示。

图 3-53　插入圆角矩形

另外，在演示文稿中，可以通过上述方法为幻灯片插入各类直线、曲线和任意多边形。

3.3　演示文稿的排版

学 思 践 悟

不同的场合需要不同的表达方式。正式的商务汇报、学术报告和产品展示，其演示文稿的风格各不相同。学会根据场景调整排版，让信息表达更加精准、得体，是我们需要掌握的重要职业技能。

学 习 目 标

本节旨在使读者掌握演示文稿的排版技巧，包括段落设置、项目符号与编号、文本框调整、对象组合与排列以及表格编辑，提升演示文稿的整体美观度和可读性。

3.3.1 段落设置

为了使幻灯片中的文字更加美观且易于理解，需要对文字段落进行设置。在幻灯片中进行段落设置有以下 2 种方法。

方法一：在打开的演示文稿中，选择一张幻灯片，选中一个对象，单击"开始"选项卡，在"段落"按钮区进行相应快速设置，如图 3-54 所示。

方法二：在幻灯片中，选中一个对象，用鼠标右键单击，在弹出的快捷菜单中选择"段落"命令，如图 3-55 所示。

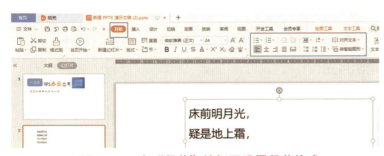

图 3-54　在"段落"按钮区设置段落格式

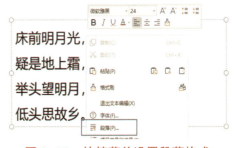

图 3-55　快捷菜单设置段落格式

在打开的"段落"对话框中，选择"缩进和间距"选项卡，在"常规"选区设置对齐方式为"居中"，在"间距"选区设置行距为"双倍行距"，如图 3-56 所示。

图 3-56　段落设置

3.3.2 项目符号与编号

在幻灯片中可以设置项目符号与编号，有以下 2 种方法。

方法一：在打开的演示文稿中，选择一张幻灯片，选中一个对象，单击"开始"选项卡中的"项目符号"下拉按钮，在弹出的"预设项目符号"下拉面板中选择"圆形"项目符号，如图 3-57 所示。

单击"开始"选项卡中的"编号"下拉按钮，在弹出的下拉面板中选择数字编号，如图 3-58 所示。

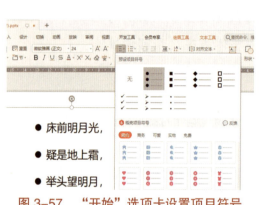

图 3-57　"开始"选项卡设置项目符号

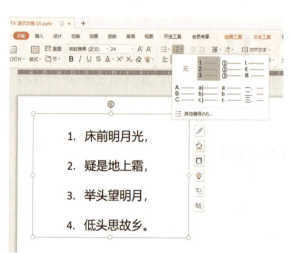

图 3-58　"开始"选项卡设置编号

方法二：在幻灯片中，选中一个对象，用鼠标右键单击，在弹出的快捷菜单中选择"项目符号和编号"命令，如图 3-59 所示，这样也可以进行项目符号和编号的设置。

图 3-59　快捷菜单设置项目符号和编号

3.3.3 文本框设置

为了让文本框更加美观，在幻灯片中可以设置文本框属性，有以下 2 种方法。

方法一：在幻灯片中，选中一个文本框，在功能区中单击"绘图工具"选项卡，在工具栏中可以对文本框进行各种操作，如填充、轮廓、形状效果等，如图 3-60 所示。

方法二：在幻灯片中，选中一个文本框，用鼠标右键单击，在弹出的快捷菜单中选择"设置对象格式"命令，如图 3-61 所示。

图 3-60　"绘图工具"设置文本框　　　　图 3-61　快捷菜单设置文本框

在右侧弹出的"对象属性"任务窗格中，进行如下设置：在该任务窗格中的"形状选项"选项卡中单击"填充与线条"按钮，在"填充"下拉列表框中选择"钢蓝，着色 5"选项；单击"效果"按钮，在"阴影"下拉列表框中选择"向下偏移"选项。在"文本选项"选项卡中，单击"填充与轮廓"按钮，在"文本填充"下拉列表框中选择"白色，背景 1"选项，效果如图 3-62 所示。

图 3-62　文本框设置效果

3.3.4 对象的组合与排列 ●

1. 对象的组合与拆分

在演示文稿中，可以对多个对象进行组合操作，组合后的对象将被视为同一个对象。具体组合与拆分方法有以下 3 种。

方法一：在一张幻灯片中，按住 Ctrl 键不放，拖拽鼠标选中多个对象，此时单击在功能区出现的"绘图工具"选项卡，单击"组合"下拉按钮，在弹出的下拉菜单中选择"组合"命令，就可将这几个对象组合成一个对象了，如图 3-63 中方法一所示。组合后的对象可以整体移动或设置属性。

若要拆分对象则选中要拆分的对象后，在"绘图工具"选项卡中单击"组合"下拉按钮，在弹出的下拉菜单中选择"取消组合"命令即可将对象拆分，如图 3-64 中方法一所示。

方法二：在一张幻灯片中，按住 Ctrl 键不放，拖拽鼠标选中多个对象，此时会自动显现出浮动工具栏，可以单击浮动工具栏上的"组合"按钮，即可将这几个对象组合成一个对象，如图 3-63 中方法二所示。若要拆分对象，则可以选中要拆分的对象，在浮动工具栏中单击"取消组合"按钮即可将对象拆分，如图 3-64 中方法二所示。

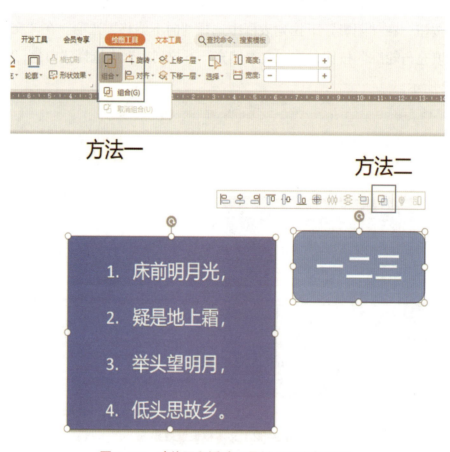

图 3-63　功能区和浮动工具栏"组合"对象

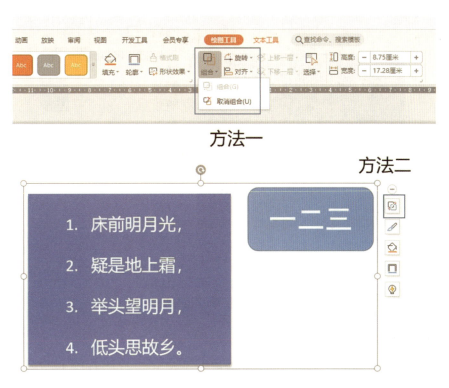

图 3-64　功能区和浮动工具栏"拆分"对象

方法三：可以通过选中要组合的对象后，用鼠标右键单击，在弹出的快捷菜单中选择"组合"命令来组合对象，如图 3-65 所示。

选中要拆分的对象后，用鼠标右键单击，在弹出的快捷菜单中选择"取消组合"命令来拆分对象，如图 3-66 所示。

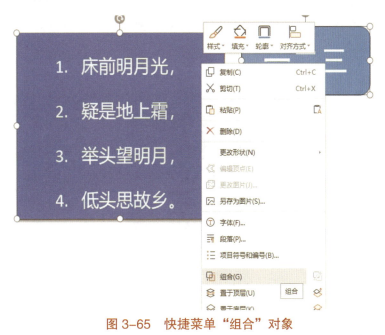

图 3-65　快捷菜单"组合"对象

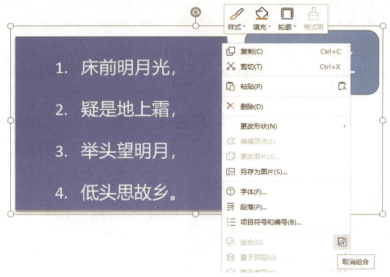

图3-66　快捷菜单"拆分"对象

2. 批量调整对象

在演示文稿中，可以对多个对象同时调整其大小尺寸，具体有以下2种方法。

方法一：快捷键批量调整对象尺寸。在一个幻灯片中，按住鼠标左键不放，拖拽鼠标使其同时选中多个对象，此时功能区弹出"绘图工具"选项卡，在"高度"和"宽度"微调框中设置高度和宽度即可，如图3-67所示。

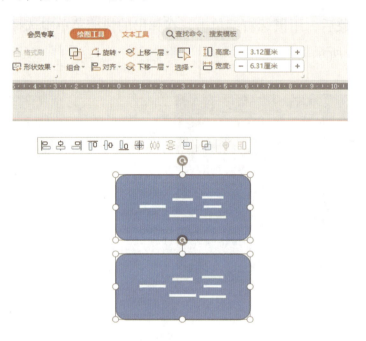

图3-67　快捷键批量调整对象尺寸

方法二：鼠标右键设置尺寸。在一个幻灯片中，按住鼠标左键不放，拖拽鼠标使其同时选中多个对象，用鼠标右键单击，在弹出的快捷菜单中选择"设置对象格式"命令，在右侧弹出的"对象属性"任务窗格中，单击"形状选项"选项卡中的"大小与属性"按钮，在"高度"和"宽度"微调框中设置高度和宽度即可，如图3-68所示。

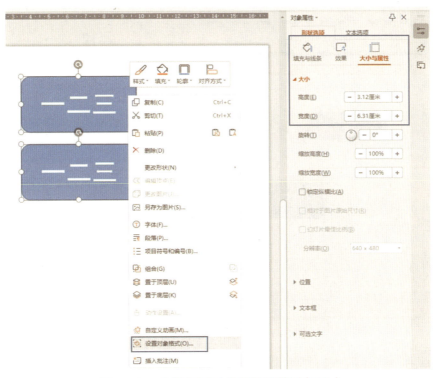

图 3-68　右键打开对象属性调整对象尺寸

3. 对象对齐

在一个幻灯片中，按住鼠标左键不放，拖拽鼠标使其同时选中多个对象，此时功能区中弹出"绘图工具"选项卡，在该选项卡中单击"对齐"下拉按钮，可以在弹出的下拉菜单中选择对齐方式，例如：左对齐、水平居中、右对齐、等高、等宽、等尺寸等，如图 3-69 所示。原始的对象对齐方式如图 3-70 所示。这里以"水平居中"和"等高"为例进行介绍。

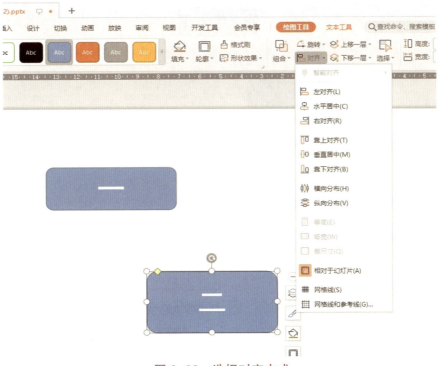

图 3-69　选择对齐方式

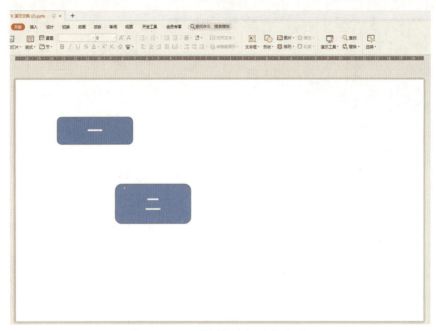

图 3-70　原始的对象对齐方式

（1）水平居中

单击"绘图工具"选项卡中的"对齐"下拉按钮，在打开的下拉列表框中选择"水平居中"对齐方式，效果如图 3-71 所示。

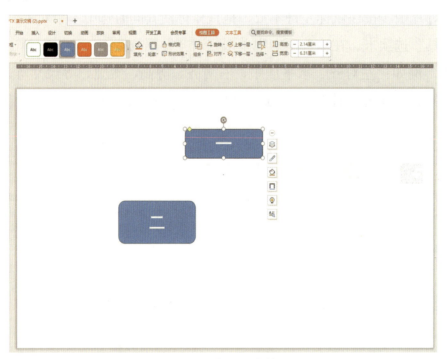

图 3-71　水平居中效果

（2）等高

单击"绘图工具"选项卡中的"对齐"下拉按钮，在打开的下拉列表框中选择"等高"对齐方式，效果如图 3-72 所示。在使用"等高"对齐方式时需要注意选中对象的顺序，"等高"命令是以最后一个选中对象的高度为基准进行高度调整的。

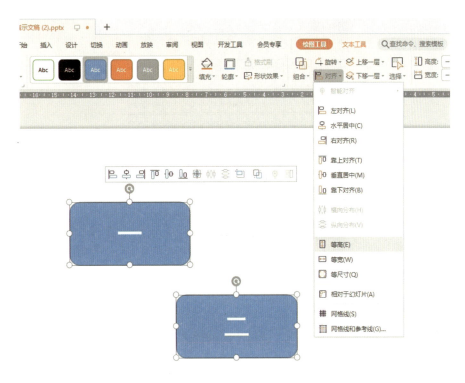

图 3-72　等高效果

3.3.5 表格编辑

1. 插入表格

这里以插入一个 5×5 的表格为例，具体操作步骤如下：单击"插入"选项卡中的"表格"下拉按钮，在弹出的下拉面板中直接拖拽鼠标选中行列数后单击即可完成表格的插入，如图 3-73 所示。

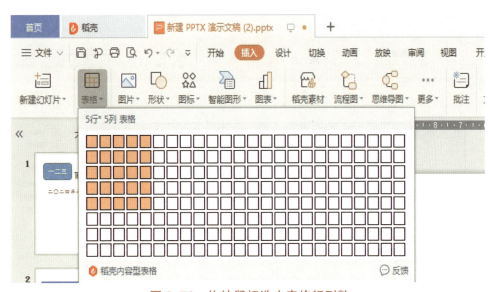

图 3-73　拖拽鼠标选中表格行列数

也可以单击"插入"选项卡中的"表格"下拉按钮，在弹出的下拉面板中选择"插入表格"命令在幻灯片中新建表格，如图 3-74 所示。

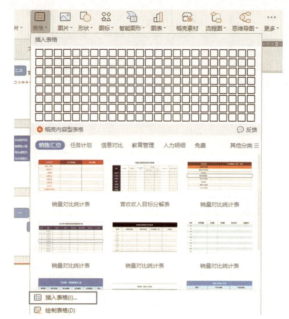

图 3-74　选择"插入表格"命令

在弹出的"插入表格"对话框中输入行数为 5、列数为 5，就可以创建一个 5×5 的表格了，如图 3-75 所示。

图 3-75　"插入表格"对话框

2. 编辑表格框线

以图 3-75 插入的表格为例，设置框线，具体操作步骤如下。

选中表格，在"表格样式"选项卡中，单击"笔样式"下拉按钮选择"黑实线"，单击"笔划粗细"下拉按钮选择"1.5 磅"，单击"边框"下拉按钮选择"外侧框线"选项，如图 3-76 所示。

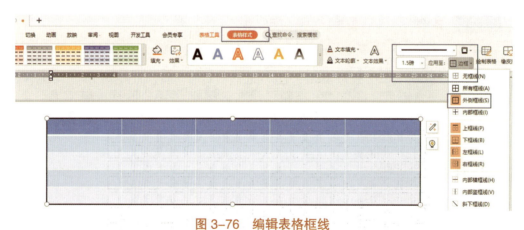

图 3-76　编辑表格框线

3. 设置单元格格式

以图 3-75 插入的表格为例，设置单元格格式，具体操作步骤如下。

选中表格中的某个单元格，在"表格样式"选项卡中，设置边框线为"黑实线"，将"1.5磅"应用至"所有框线"，单击"填充"下拉按钮，选择填充颜色为"橙色，着色 4"，如图 3-77 所示。

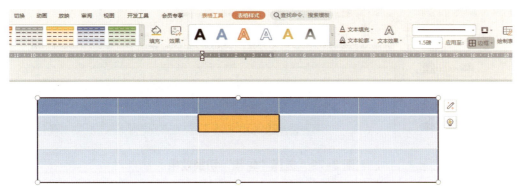

图 3-77　设置单元格格式

4. 使用表格的主题样式

在演示文稿中，可以对表格应用主题样式，使表格更清晰、美观。具体操作步骤如下。

选中表格，在"表格样式"选项卡中的预设样式库选择合适的主题样式，以图 3-75 插入的表格为例，将它的样式设为"中度样式 2 —强调 6"，效果如图 3-78 所示。

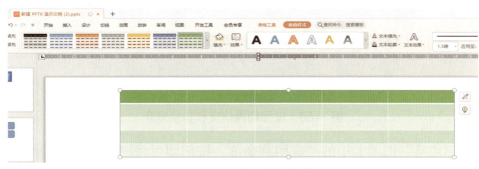

图 3-78　设置表格样式效果

3.4　演示文稿的动画制作

学 思 践 悟

动画特效可以增强演示的吸引力，但过度使用反而会影响表达效果。我们要学会适度运用动画，培养简洁、高效的表达习惯，避免浮夸和冗余。

学 习 目 标

本节旨在使读者掌握演示文稿中动画效果的添加与设置技巧，包括页面切换动画、对象进入／退出／强调动画及自定义动画等，增强演示文稿的视觉吸引力和信息传递效果。

3.4.1 页面切换效果设置

幻灯片的切换动画效果的应用很简单，具体操作步骤如下。

（1）打开已有的演示文稿，选中第 1 张幻灯片，单击"切换"选项卡，在工具栏展开的切换效果库中选择"轮辐"切换效果，如图 3-79 所示。

图 3-79　选择"轮辐"切换效果

（2）可以对幻灯片切换设置切换速度和切换声音，将"切换"选项卡中的"速度"设置为"1.50"，在声音下拉列表中选择"爆炸"选项，勾选"单击鼠标时换片"复选框，如图 3-80 所示。

图 3-80　设置切换速度和切换声音

（3）单击"切换"选项卡中的"应用到全部"按钮即可将刚刚设置的幻灯片切换效果应用到所有幻灯片。另外，可以单击软件界面右侧的"幻灯片切换"按钮，打开"幻灯片切换"任务窗格，在此处可以对所有幻灯片进行切换设置。将所有幻灯片设置为"平滑"切换，"速度"设置为"2.00"，"声音"选择"风声"，在"换片方式"选区中勾选"单击鼠标时换片"和"自动预览"复选框，如图 3-81 所示。

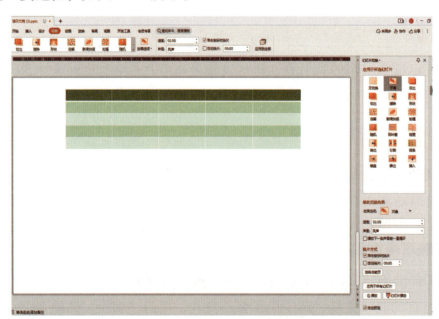

图 3-81　所有幻灯片切换设置

3.4.2 动画设置

幻灯片中对象的动画效果可以分为进入动画、退出动画、强调动画、动作路径，前 3 种动画效果设置的具体操作步骤如下。

1. 进入动画

打开已有的演示文稿，选中幻灯片中的一个对象，此处以一个文本框对象为例，在功能区中单击"动画"选项卡，在工具栏展开的"动画效果"库中选择"百叶窗"进入效果，如图 3-82 所示。

图 3-82　进入动画设置

2. 退出动画

选中该文本框，单击"动画"选项卡中的"动画效果"下拉扩展按钮，在展开的下拉面板中选择"飞出"退出效果，如图 3-83 所示。

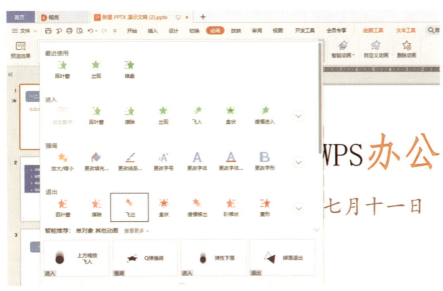

图 3-83　退出动画设置

3. 强调动画

选中该文本框，在功能区中单击"动画"选项卡中的"动画效果"下拉扩展按钮，在展开的下拉面板中选择"放大 / 缩小"强调效果，如图 3-84 所示。

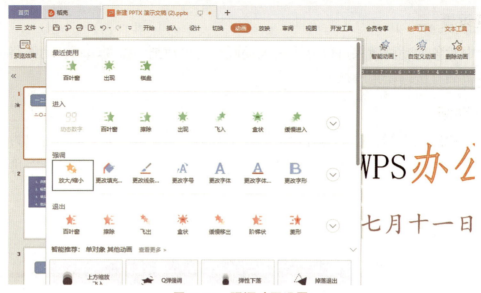

图 3-84　强调动画设置

若要删除添加的动画，则可选中该文本框，单击界面右侧的"自定义动画"按钮，在弹出的"自定义动画"任务窗格中，单击"删除"按钮，即可删除动画，如图 3-85 所示。

图 3-85　删除动画设置

3.4.3 自定义动画

在演示文稿中可以对对象进行自定义动画，自定义动画的主要的操作都是在"自定义动画"任务窗格中完成的，此处介绍如何打开"自定义动画"任务窗格、设置自定义动画及修改已有动画。

1. 打开"自定义动画"任务窗格

方法一：在功能区中打开。选中上述图片对象，切换到"动画"选项卡，单击"自定义动画"按钮，即可打开"自定义动画"任务窗格，如图 3-86 中方法一所示。

方法二：鼠标右键打开。单击幻灯片中的一个对象，此处以一个图片为例，用鼠标右键单击，在弹出的快捷菜单中选择"自定义动画"命令，即可打开"自定义动画"任务窗格，如图 3-86 中方法二所示。

方法三：任务窗格按钮打开。选中上述图片对象，单击界面右侧的"自定义动画"按钮，即可打开"自定义动画"任务窗格，如图 3-86 中方法三所示。

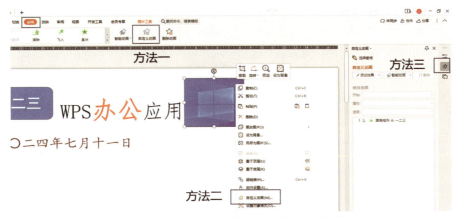

图 3-86　打开"自定义动画"任务窗格

2. 设置自定义动画

此处以图片为例，选中该图片对象，在弹出的"自定义动画"任务窗格中单击"添加效果"按钮，在弹出的下拉面板中可以选择进入、强调、退出、动作路径、绘制自定义路径动画效果。选择不同的动画效果在"自定义动画"任务窗格中会显示可以设置的动画属性，此处以进入动画百叶窗效果为例，可以继续设置如动画开始方式、动画显示速度等属性。勾选"自动预览"复选框时，当添加动画效果或修改动画属性后，如果动画效果产生变化，那么会自动预览该动画。当单击"播放"按钮时也可以预览动画效果，如图 3-87 所示。

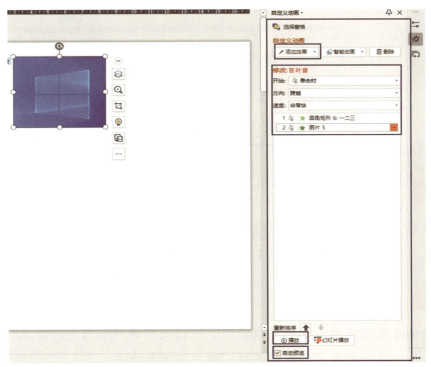

图 3-87　设置自定义动画

3. 修改已有动画

单击选中"自定义动画"任务窗格中已设置的动画后，单击"更改"按钮可以更改动画类型，设置"开始""方向""速度"的选项可以修改动画的属性，单击"删除"按钮可以删除选中的动画，如图 3-88 所示。

图 3-88　修改已有动画

3.4.4 动画效果的预览

除在上一小节介绍的在"自定义动画"任务窗格中勾选"自动预览"复选框和单击"播放"按钮可以预览动画效果外，用户还可以通过以下方式预览动画效果。

单击"动画"选项卡中的"预览效果"按钮，即可预览动画效果，如图 3-89 所示。

图 3-89　预览动画效果

3.5　演示文稿的定稿

学 思 践 悟

在正式汇报前，认真检查演示文稿的内容和格式，确保表达准确、逻辑清晰。这不仅是对自己负责，也是对听众的尊重，体现了严谨的职业精神。

学 习 目 标

本节旨在使读者掌握演示文稿的定稿流程，包括文稿的保存与另存、文件打包与输出格式转换，确保演示文稿的最终版本准确无误，便于分享与演示。

3.5.1 保存与另存

演示文稿在制作过程中应及时地进行保存，避免由于停电或没有制作完成就误将演示文稿关闭等因素造成不必要的损失。保存演示文稿有以下 3 种方法。

　　方法一：通过快速访问工具栏中的"保存"按钮进行保存。在功能区左侧的快速访问工具栏中，单击"保存"按钮即可保存演示文稿，如图 3-90 所示。

图 3-90　通过快速访问工具栏中的"保存"按钮进行保存

　　方法二：使用"Ctrl+S"组合键保存。使用"Ctrl+S"组合键可以保存演示文稿，用户应该熟练使用该组合键，养成经常保存的习惯。

　　方法三：通过"文件"菜单中的"保存"或"另存为"命令保存。单击左上角的"文件"菜单，在弹出的下拉菜单中选择"保存"命令，即可保存演示文稿，如图 3-91 所示。

图 3-91　通过"文件"菜单中的"保存"或"另存为"命令保存

　　当选择"另存为"命令时，弹出"另存文件"对话框，在左侧选择保存位置，然后在"文件名"文本框内输入文件名称，单击"保存"按钮即可对文件进行保存，如图 3-92 所示。

图 3-92　通过"另存为"命令进行保存

另外，还可以将演示文稿另存为其他文件格式或输出为图片和PDF等，具体操作步骤如下。

单击"文件"菜单，在弹出的下拉菜单中将鼠标指针拖拽至"另存为"命令处，会显现"保存文档副本"子菜单，用户可根据需要选择另存类型，如图3-93所示。

单击"文件"菜单，在弹出的下拉菜单中分别选择"输出为PDF"或"输出为图片"命令，可以得到PDF或图片格式的文档，如图3-94所示。

图3-93　另存为其他文件格式

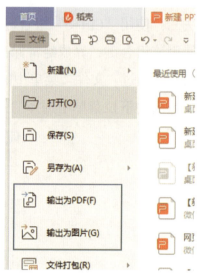

图3-94　输出为PDF或图片

3.5.2 文件打包

当演示文稿链接外部的音/视频时，可以使用文件打包功能将幻灯片打包以避免多媒体文件丢失，WPS演示可将演示文稿打包成文件夹或压缩文件，具体操作步骤如下。

单击"文件"菜单，在弹出的下拉菜单中将鼠标指针拖拽至"文件打包"命令处，会显现"文件打包"子菜单，用户可选择将演示文档打包成文件夹或压缩文件，如图3-95所示。

图3-95　文件打包

注意：如果文件未保存，会出现提示对话框，提示先保存文件。

此处以打包成文件夹为例进行讲解，当选择"将演示文档打包成文件夹"命令时，会弹出"演示文件打包"对话框，如图 3-96 所示，填写文件夹名称，选择文件夹保存位置，单击"确定"按钮即可完成演示文稿打包。

图 3-96　将演示文档打包成文件夹

3.6　演示文稿的演示

学 思 践 悟

口才和表达能力是职场必备的软实力。在演示时，我们要保持自信，逻辑清晰，注重与听众的互动，让演示成为一次有效的信息传递过程。

学 习 目 标

本节旨在使读者掌握演示文稿的演示技巧，包括幻灯片放映方式、设置放映方式、结束放映操作及播放控制等，提升演示者的表达能力和观众的互动体验。

3.6.1 幻灯片放映

1. 幻灯片放映方式

幻灯片放映有以下 3 种方法。

方法一：从头开始播放。单击"放映"选项卡中的"从头开始"按钮，如图 3-97 所示，即可将所有幻灯片从头开始播放。此功能也可使用 F5 快捷键实现。

图 3-97　从头开始播放

方法二：从当前页开始播放。单击"放映"选项卡中的"当页开始"按钮，如图 3-98 所示，即可将所有幻灯片从当前页开始播放。此功能也可使用"Shift+F5"组合键实现。

图 3-98　从当前页开始播放

方法三：自定义放映。单击"放映"选项卡中的"自定义放映"按钮，如图 3-99 所示。在弹出的"自定义放映"对话框中，单击"新建"按钮，如图 3-100 所示。

图 3-99　自定义放映

图 3-100　"自定义放映"对话框

弹出"定义自定义放映"对话框，在该对话框中，"幻灯片放映名称"文本框中可以自定义放映的名称，左侧的"在演示文稿中的幻灯片"列表框中显示当前演示文稿中所有的幻灯片，右侧"在自定义放映中的幻灯片"列表框为自定义放映的幻灯片，单击选中左侧"在演示文稿中的幻灯片"列表框里需要放映的幻灯片，单击"添加"按钮即可将选中的幻灯片加入"在自定义放映中的幻灯片"列表框中，如图 3-101 所示。单击"确定"按钮后，会返回到"自定义放映"对话框，单击"放映"按钮即可放映仅在自定义列表框中的幻灯片。

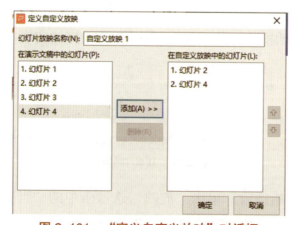

图 3-101　"定义自定义放映"对话框

2. 设置幻灯片放映方式

单击"放映"选项卡中的"放映设置"下拉按钮，在弹出的下拉菜单中选择"放映设置"命令，如图 3-102 所示。

图 3-102　选择"放映设置"命令

弹出"设置放映方式"对话框，在"放映类型"选区中单击"演讲者放映（全屏幕）"单选按钮，也可以根据需要选择其他选项，单击"确定"按钮即可，如图 3-103 所示。

图 3-103　"设置放映方式"对话框

3. 结束放映

当要结束幻灯片放映时，可以通过以下 2 种方法。

方法一：按 Esc 键结束放映。

方法二：单击鼠标右键，在弹出的快捷菜单中选择"结束放映"命令结束放映，如图 3-104 所示。

另外，在幻灯片放映过程中，用户可以通过键盘的方向键、鼠标左键、鼠标右键、编号 +Enter 键、翻页笔、手机遥控等方式对幻灯片进行翻页。

图 3-104　结束放映

4. 播放操作

（1）放映指针

在放映演示文稿时，为了增强演示效果，更清晰地表达演示者意图，需要在演示时借助放映指针来指示幻灯片内容，方便观众理解，具体操作步骤如下。

放映状态下，在空白处单击鼠标右键，在弹出的快捷菜单中，选择"墨迹画笔"选项，在弹出的子菜单中选择"箭头"选项即可设置放映显示指针，如图 3-105 所示。

（2）放大

在放映演示文稿时，有些图表等内容可能太小，观众看不清，此时就可以选择"放大"功能来放大部分内容，具体操作步骤如下。

在放映状态下，单击鼠标右键，在弹出的快捷菜单中选择"放大"命令，如图 3-106 所示。

图 3-105　设置放映指针选项　　　图 3-106　选择"放大"命令

选择"放大"命令后，即可在演示状态下放大幻灯片局部，在此界面中可以将幻灯片继续放大、缩小或恢复原大小，如图 3-107 所示。

图 3-107　放大后的效果

（3）墨迹注释

在幻灯片演示的时候，有时需要在幻灯片上写注释。写注释前需先设置画笔样式和画笔颜色。在放映状态下，单击鼠标右键，在弹出的快捷菜单中选择"墨迹画笔"选项，在弹出的子菜单中可以选择并设置画笔类型：箭头、圆珠笔、水彩笔和荧光笔，此处以"圆珠笔"为例进行讲解，如图 3-108 所示。

图 3-108　选择画笔类型

在"墨迹画笔"选项中可以选择墨迹颜色。将鼠标指针拖拽到"墨迹颜色"选项处，在弹出的子菜单中单击相应的颜色即可进行墨迹颜色的设置，如图 3-109 所示。

图 3-109　设置墨迹颜色

选择好画笔后，鼠标指针即变为画笔模样，此时就可以在幻灯片上书写注释，此处墨迹颜色选择蓝色，注释效果如图 3-110 所示，按 Esc 键可以退出墨迹注释。

图 3-110　注释效果

当用户在幻灯片放映时书写过注释，结束幻灯片放映时，会弹出"是否保留墨迹注释？"提示对话框，可根据实际需要选择，如图 3-111 所示。

图 3-111　"是否保留墨迹注释？"提示对话框

3.6.2 排练计时 ●

当制作好演示文稿后，用户可以通过"排练计时"功能进入排练模式，演讲者就可以对演讲时间进行计时估算，具体操作步骤如下。

（1）单击"放映"选项卡中的"排练计时"下拉按钮，在弹出的下拉菜单中可以选择排练全部幻灯片还是排练当前页，选择相应命令即可进入排练模式，如图 3-112 所示。

图 3-112　排练计时

（2）以"排练全部"为例，在放映界面上方可以看到预演计时器，左侧倒三角的功能是下一项，作用是对幻灯片进行翻页，如果要暂停计时就单击"暂停"按钮，如图 3-113 所示。

WPS

二〇二四年七月

图 3-113　预演计时器

（3）预演计时器左右两个计时时长的含义：左侧的时长是本页幻灯片的单页演讲时长计时，右侧的时长是全部幻灯片演讲总时长计时。单击"重复"按钮，可以重新记录单页演讲的时长，并且总时长也会重新计算此页时长。

（4）按 Esc 键可以退出计时模式，单击"是"按钮保存本次演讲计时，此时可显示每张幻灯片演讲时长，如图 3-114 所示。

图 3-114　显示每张幻灯片演讲时长

3.7　WPS 演示练习题

学 思 践 悟

思考如何在不同场景中调整演示风格，提高信息传递能力，增强个人职业竞争力。

一、单选题

1. 在 WPS 演示文稿中，使用（　　）组合键，可以弹出"打开文件"对话框。

 A.Ctrl+N   B.Ctrl+O   C.Ctrl+F4   D.Ctrl+S

2. 在 WPS 演示文稿中，若想从头开始放映幻灯片，则应该执行（　　）操作。

 A."视图"选项卡中的"幻灯片放映"命令

 B."放映"选项卡中的"当页开始"命令

 C.F5

 D.Shift+F5

3. WPS 演示文稿可存为多种文件格式，不包括下面（　　）格式。

 A.pptx   B.psd   C.dps   D.pot

4. 在 WPS 演示中，关于对象的组合描述错误的是（　　）。

 A. 按住 Shift 键不放，可以同时选中多个对象，在"文本工具"选项卡中，单击"组合"按钮即可将对象进行组合

 B. 按住 Shift 键不放，可以同时选中多个对象，在"绘图工具"选项卡中，单击"组合"按钮即可将对象进行组合

 C. 选中多个对象后，在快捷菜单中可以选择"组合"命令来组合对象

 D. 选中多个对象后，在弹出的浮动工具栏中可以进行组合对象

5. 在 WPS 演示中，标签栏用于演示文稿标签切换和窗口控制，以下操作不能在标签栏进行的有（　　）。

 A. 新建演示文稿   B. 关闭工作窗口

 C. 保存演示文稿   D. 切换登录账户

6. 在 WPS 演示中，关于文本框的描述错误的是（　　）。

 A. 在"插入"选项卡中，可以插入文本框

 B. 插入文本框时，只能选择插入横向文本框

 C. 文本框内文本的字体可以在"开始"选项卡中进行调整

 D. 文本框内文本的字体可以在"文本工具"选项卡中进行调整

7. 在 WPS 演示中，设置幻灯片背景格式的任务窗格中可以设置（　　）。

 A. 字体字号   B. 幻灯片视图

C. 纯色填充、透明度　　　　　　　　　D. 对齐方式

8. 在 WPS 演示中，关于幻灯片中对象的动画的描述，错误的是（　　　　）。

　　A. 动画出现的顺序可以调整

　　B. 动画可以设置满足某一条件后才出现

　　C. 动画出现的顺序不可以调整

　　D. 动画可以设置为自动播放

9. 在 WPS 演示中，关于对象对齐的描述错误的是（　　　　）。

　　A. 对象对齐中选择"等高"对齐方式时，每个对象的高度是以第一个被选中的对象的高度为准

　　B. 在一张幻灯片中选中多个文本框，"绘图工具"选项卡中的"对齐"下拉按钮中可以设置等高

　　C. 对象对齐中选择"水平居中"对齐方式时，选中对象顺序不同可能会导致产生的结果不同

　　D. 对象对齐中选择"等高"对齐方式时，选中对象顺序不同可能会导致产生的结果不同

10. 要想在 WPS 演示文稿正文中的每张幻灯片的固定位置上显示本公司的标志，最方便的方法是把这个标志图形添加到演示文稿的（　　　　）。

　　A. 幻灯片母版　　　　B. 备注母版　　　　C. 讲义母版　　D. 阅读母版

二、多选题

1. 在 WPS 演示中，关于文本框属性的设置描述正确的是（　　　　）。

　　A. 在"绘图工具"选项卡中可以设置文本框形状填充和形状轮廓

　　B. 在"绘图工具"选项卡中可以旋转文本框

　　C. 在文本框"对象属性"任务窗格中可以设置文本框形状填充和形状轮廓

　　D. 在文本框"对象属性"任务窗格中可以设置文本框旋转的角度

2. 在 WPS 演示文稿放映时，下列哪个操作可以切换到下一张幻灯片（　　　　）。

　　A. 按 Enter 键　　　B. 单击鼠标　　　　　C. 按 Tab 键　　　　　D. 按方向键

3. 在 WPS 演示中，关于视图描述正确的是（　　　　）。

　　A. 备注页视图下可以对幻灯片输入备注

　　B. 幻灯片浏览视图下可以随意拖拽幻灯片进行排版

　　C. 默认情况下 WPS 演示文稿的视图模式为普通视图

　　D. 普通视图下可以对幻灯片输入备注

4. 关于隐藏和显示幻灯片相关内容描述正确的是（　　　　）。

　　A. 当用户不想放映演示文稿中的某些幻灯片时，可以在不删除的情况下将其隐藏

  B. 在幻灯片导航窗格中，在想要隐藏的幻灯片上单击鼠标右键，选择"隐藏幻灯片"命令即可在放映时把幻灯片隐藏

  C. 普通视图下隐藏的幻灯片不可见

  D. 幻灯片浏览视图下隐藏的幻灯片不可见

5. 在 WPS 演示中，可以给幻灯片中的对象添加动画，可以添加的动画包括（　　　）。

  A. 进入动画　　　　B. 退出动画　　　　C. 删除动画　　　　D. 强调动画

三、操作题

操作要求：

（1）设置第一张幻灯片（见图 3-115）切换动画为"棋盘"，效果选项为"纵向"，并应用于所有幻灯片。

（2）在第一张幻灯片前插入一张版式为"标题幻灯片"的新幻灯片，设置主标题为"强台风'烟花'来袭"，副标题为"台风防御安全指南"。

（3）第二张幻灯片版式改为"两栏内容"，标题设为"台风'烟花'介绍"，左侧内容区域文字设置为"黑体，17"，段落设置为"行距固定值 25 磅，首行缩进 2 字符"。右侧内容区域插入素材"台风.png"，并设置图片进入动画为温和型"回旋"，退出动画为"阶梯状"。

（4）第三张幻灯片（见图 3-116）版式修改为"标题和内容"，标题输入"台风防御指南"，内容添加"菱形"项目符号，设置内容文本框轮廓为"绿色"，填充颜色为"灰色 -25%，背景 2"，在幻灯片右侧插入基本形状"闪电形"，设置形状填充颜色为"红色"。

强台风烟花（英语：Severe Typhoon In-Fa，国际编号：2106）为2021年太平洋台风季第6个被命名的风暴。"烟花"一名由中国澳门提供。

"烟花"于2021年7月18日2时被中央气象台升格为热带风暴，7月21日11时被中央气象台升格为强台风，7月25日12时30分前后在浙江省舟山普陀沿海登陆，登陆时中心附近最大风力13级（38米/秒），7月26日9时50分前后在浙江省嘉兴平湖沿海再次登陆。

图 3-115　例题（1）

寻找稳固的高地

避免进入危险区域

暴雨天气不要使用交通设施

远离电力设施

图 3-116　例题（2）

第4章
WPS PDF

WPS PDF 是 WPS Office 2019 中针对 PDF 文档的阅读和处理软件。该软件主要具有 PDF 文档的阅读功能。为了方便阅读，该软件具有播放模式、阅读模式，还可以旋转文档页面以适应不同的阅读场景。在阅读中也可以根据个人喜好设置页面显示方式、文档背景色等个性化操作，在处理文档方面还具有文档合并和拆分功能。

4.1　WPS PDF 基础操作

学 思 践 悟

PDF 因其稳定性和兼容性被广泛应用。学习基本操作的同时，要提高信息鉴别能力，避免下载来源不明的文件，增强网络安全意识。

学 习 目 标

本节旨在使读者掌握 WPS PDF 的基础操作方法，包括文档打开、阅读模式与播放模式的使用、页面缩放与显示设置、查找功能及文档背景色调整等，提高 PDF 文档的阅读与处理效率。

4.1.1 界面介绍

WPS PDF 的工作界面主要由标签栏、功能区、编辑区、导航窗格、任务窗格、状态栏 6 个部分组成，如图 4-1 所示。

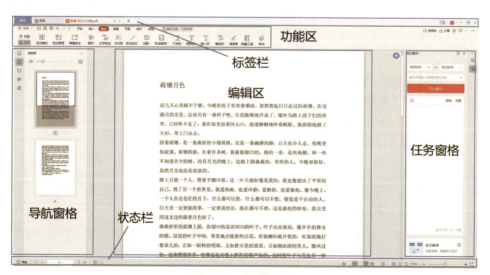

图 4-1　界面介绍

1. 标签栏

主要用于标签的切换和窗口控制。标签切换指在不同标签间单击进行切换或关闭标签。窗口控制主要是登录／切换／管理账号，以及最小化／缩放／关闭工作窗口。

2. 功能区

主要包括文件菜单、快速访问工具栏、阅读选项卡、协作状态区等。

3. 编辑区

内容呈现的主要区域。

4. 导航窗格

主要提供文档缩略图、附件、标签视图的导航功能。

5. 任务窗格

一般是提供一些高级功能的辅助面板，如执行查找操作时将自动展开。

6. 状态栏

提供文档状态和视图控制，如在状态栏可以显示 PDF 文档的总页数、进行文档的翻页或页面跳转，也提供页面缩放和预览方式设置等操作。

4.1.2 文档的打开

使用 WPS PDF 组件打开 PDF 文档，可以通过以下 3 种方法完成。

方法一：单击 WPS PDF 快捷方式打开 WPS PDF 软件，进入 WPS PDF 首页，单击主导航栏"打开"按钮，如图 4-2 所示。

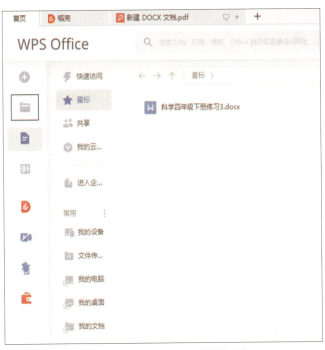

图 4-2 　 WPS PDF 首页打开

在弹出的"打开文件"对话框中选择要打开的 PDF 文档，单击"打开"按钮，即可打开 PDF 文档，如图 4-3 所示。

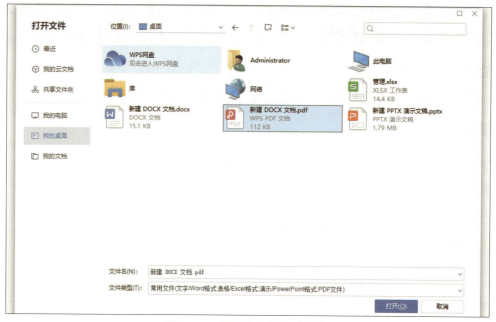

图 4-3 "打开文件"对话框

方法二：在已打开的 PDF 文档界面，选择"文件"菜单中的"打开"命令或单击快速访问工具栏中的"打开"按钮，即可弹出"打开文件"对话框，在对话框中选择要打开的 PDF 文档即可，如图 4-4 所示。

方法三：在计算机中将 PDF 默认的打开方式设置为 WPS PDF 后，双击 PDF 文档即可用 WPS PDF 软件打开 PDF 文档。

图 4-4 "文件"菜单打开

4.1.3 阅读模式和播放模式

长时间地办公会让人非常疲劳，使用 WPS PDF 的阅读模式和播放模式，可以使 PDF 页面更简洁，让用户可以更加专注于 PDF 的内容，下面分别介绍这两种模式。

1. 阅读模式

当打开 PDF 文档后，单击"开始"选项卡中的"阅读模式"按钮即可进入阅读模式，如图 4-5 所示。

图 4-5 阅读模式

1）在阅读模式下，单击"视图"下拉按钮，如图 4-6 所示，在弹出的下拉菜单中可以设置展示单页、双页还是连续阅读模式，此处以选择"双页"命令为例进行介绍。

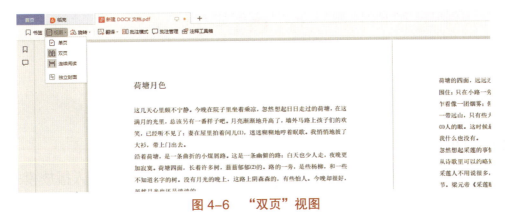

图 4-6　"双页"视图

2）单击"旋转"下拉按钮，在弹出的下拉菜单中可以设置当前页面顺时针旋转 90°、逆时针旋转 90° 或是整个 PDF 文档进行旋转，此处以选择"顺时针 90°"命令旋转第一页为例，效果如图 4-7 所示。

图 4-7　效果图——将第一页顺时针旋转 90°

3）有时候打开的文档页数太多，可以使用书签功能快速定位特定的文档位置。单击"书签"按钮可以打开"书签"导航窗格，若是文档有书签，则书签会在导航窗格中显示。单击"查找"快捷搜索框，在搜索框中输入要查找的内容后，按 Enter 键进行查找，如图 4-8 所示。

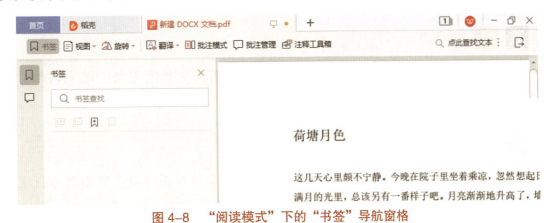

图 4-8　"阅读模式"下的"书签"导航窗格

4）若想退出阅读模式，则单击右侧的"退出阅读模式"按钮，即可退出阅读模式，如

图 4-9 所示。

图 4-9　退出阅读模式

2. 播放模式

打开 PDF 文档后，单击"开始"选项卡中的"播放"按钮即可进入播放模式。该模式类似于演示文稿的放映模式，如图 4-10 所示。

图 4-10　播放模式

1）在播放模式下，右上角会自动显示出浮动工具栏，如图 4-11 所示。在该工具栏中可以单击"放大""缩小""上一页""下一页"按钮进行相应放大、缩小和翻页操作。

图 4-11　播放模式——浮动工具栏

2）退出"播放模式"的 2 种方法。

方法一：单击右上角浮动工具栏中的"退出播放"按钮，即可退出播放模式。

方法二：按 Esc 键即可退出播放模式。

4.2　WPS PDF 页面管理

学 思 践 悟

合并、拆分、排序 PDF 文件可提升办公效率，但需确保信息完整，避免误删。养成细致严谨的习惯，提高文档管理的专业性。

学 习 目 标

本节旨在使读者熟悉 WPS PDF 的页面管理功能，掌握页面缩放、页面显示设置、页面背景色调整、页面拆分与合并等技巧，以便更有效地组织和管理 PDF 文档内容。

4.2.1 缩放

为了满足不同人群、不同设备对 PDF 文档显示大小的差异化需求，WPS PDF 提供文档缩放功能。

1. 任意比例缩放

打开 PDF 文档后，单击"开始"选项卡中的"放大"或"缩小"按钮即可对页面进行相应放大或缩小操作。也可以单击"缩放"组合框进行相应精确地放大、缩小比例调整，如图 4-12 所示。

图 4-12　任意比例缩放

还可以使用组合键来进行缩放操作，如"Ctrl++"组合键可以进行页面放大操作，"Ctrl+-"组合键可以进行页面缩小操作。

2. 固定比例缩放

WPS PDF 同时为用户提供了一些固定大小比例的缩放按钮帮助用户快速设置到相应大小，如在"开始"选项卡中单击"实际大小""适合页面""适合宽度"等按钮进行相应设置，此处以"适合页面"按钮为例，如图 4-13 所示。

图 4-13　固定比例缩放

4.2.2 页面显示

编辑区是页面显示的主要区域，在该区域可以进行相关设置来调整不同的页面显示效果，如单页显示，双页显示、连续阅读等。

1. 单页显示

单击"开始"选项卡中的"单页"按钮，即可单页页面显示，此时在编辑区中仅显示一页文档，如图 4-14 所示。

图 4-14　单页显示

2. 双页显示

单击"开始"选项卡中的"双页"按钮，即可双页页面显示，此时在编辑区中并排显示两页文档，如图 4-15 所示。

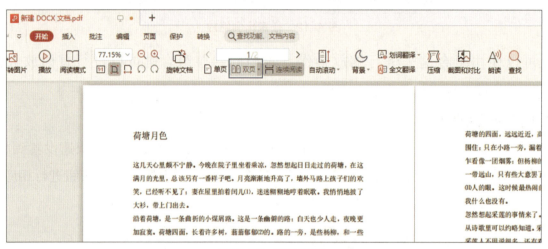

图 4-15　双页显示

3. 连续阅读

"连续阅读"是指不间断地滚动页面进行浏览，在仅选择"单页"或"双页"显示的时候，编辑区中纵向仅显示一页，页与页之间是断开的。若是单击"开始"选项卡中的"连续阅读"按钮，即可进入连续阅读页面，此时在编辑区中页与页之间可以不间断地滚动进行浏览。此处以单页"连续阅读"为例，效果如图 4-16 所示。

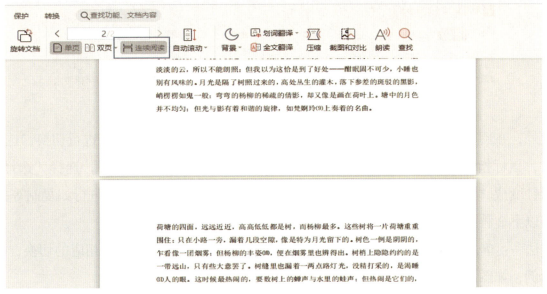

图 4-16　连续阅读

4. 自动滚动

在阅读 PDF 文档时，若是想让文档按照一定的速度自动滚动，可以使用自动滚动功能，具体操作步骤如下：单击"开始"选项卡中的"自动滚动"下拉按钮，在弹出的下拉菜单中可选择"-2 倍速度""-1 倍速度""1 倍速度""2 倍速度"等不同命令，选择正数的倍速是向下滚动，选择负数的倍速是向上滚动，如图 4-17 所示。

图 4-17　自动滚动

5. 页面跳转

有时在阅读 PDF 文档时，如果希望快速跳转到某指定页面，那么可以使用"页面跳转"文本框来实现此功能。具体操作步骤如下：单击"开始"选项卡中的"页面跳转"文本框，在该文本框中输入页码，按 Enter 键后，即可跳转到指定页面。同时在该文本框两侧有"下一页""上一页"按钮，单击即可实现显示下一页和上一页操作，如图 4-18 所示。

图 4-18 页面跳转

此外，在阅读 PDF 文档时，鼠标指针可以在"手型"和"选择"之间进行切换，选择"手型"时，鼠标指针变成"手型"样式，按住鼠标左键可以上下拖拽文档；选择"选择"时，鼠标指针变成"箭头"样式，此时可以按住鼠标左键选择文档中的内容进行如复制等操作。具体有以下 2 种操作方法。

方法一：单击"开始"选项卡中的"手型"或"选择"按钮即可完成相应的切换，以"手型"为例，如图 4-19 所示。

图 4-19 功能区选择"手型"

方法二：在编辑区单击鼠标右键，在弹出的快捷菜单中选择"手型工具"命令或"选择工具"命令进行切换，如图 4-20 所示。

图 4-20 右键菜单选择"手型"

4.2.3 页面背景颜色设置

为了避免 PDF 文档背景单一的问题，WPS PDF 提供了页面背景色设置。单击"开始"选项卡中的"背景"下拉按钮，在弹出的下拉列表中选择"默认""日间""夜间""护眼"

或"羊皮纸"5 种页面背景色。这里以选择"护眼"选项为例，如图 4-21 所示。

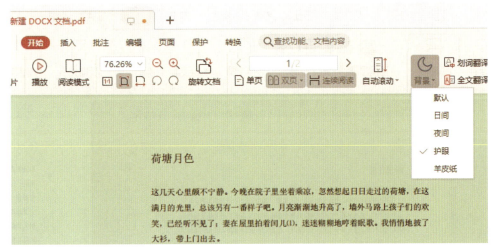

图 4-21　页面背景色设置

4.2.4 查找

为方便快速定位文档中的内容，WPS PDF 提供了查找功能，单击"开始"选项卡中的"查找"按钮，在右侧弹出"查找"任务窗格，在该窗格的文本框中输入要查找的内容，文本框下面有"全词匹配""区分大小写""包括书签""包括注释"复选框，可以根据需要进行勾选，如图 4-22 所示。

图 4-22　查找

4.2.5 文档拆分与合并

在工作学习中有时需要将一个 PDF 文档拆分成多个文档，有时又需要将多个 PDF 文档合并成一个文档，此时就需要用到文档的拆分与合并功能。

1. 拆分文档

单击"页面"选项卡中的"PDF 拆分"按钮，如图 4-23 所示。

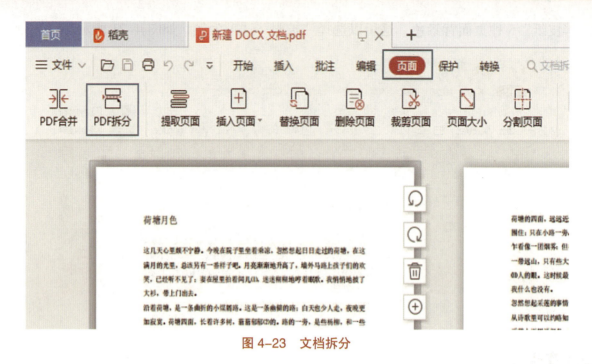

图 4-23 文档拆分

弹出 PDF 转换对话框，在此对话框中选择要拆分的文档，然后设置"输出范围""拆分方式""输出目录"等内容，设置好后单击"开始转换"按钮即可按照刚才设定的拆分要求进行拆分操作，如图 4-24 所示。

图 4-24 文档拆分参数设置

2. 合并文档

单击"页面"选项卡中的"PDF 合并"按钮，如图 4-25 所示。

图 4-25　文档合并

　　弹出 PDF 转换对话框，在此对话框中选择要合并的文档，注意需要选择两个及以上相同类型的文档进行合并，单击对话框中的"添加更多文件"按钮，在弹出的"PDF"对话框中选择要合并的文件，单击"打开"按钮即可将所选文件添加到 PDF 转换对话框需要合并的文档列表中，然后设置"输出范围""输出名称""输出目录"等内容，设置好后单击"开始转换"按钮即可按照刚才设定的合并要求进行合并操作，如图 4-26 所示。

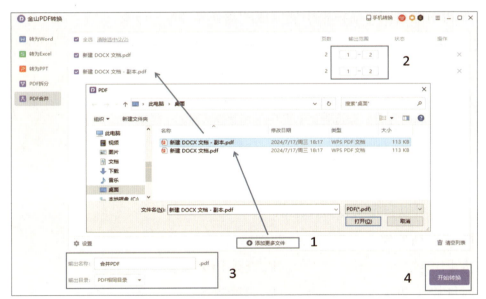

图 4-26　文档合并参数设置

4.3　WPS PDF 练习题

学 思 践 悟

　　规范管理 PDF 有助于高效办公和信息安全。要定期整理归档，合理使用加密和权限管理，防止数据泄露，增强责任意识。

单选题

1.WPS PDF 阅读模式下不能完成的操作是（　　　）。

    A. 打开"书签"导航窗格　　　　　　B. 查找 PDF 文件中的文字内容

    C. 旋转页面　　　　　　　　　　　　D. 修改背景色

2. 下列不是 WPS PDF 查找功能所具备的功能是（　　　）。

    A. 查找 PDF 文档中的文本内容

    B. 查找 PDF 文档中的书签内容

    C. 查找 PDF 文档中的注释内容

    D. 查找 PDF 文档中图片中的内容

3.WPS PDF 标签栏能完成的操作是（　　　）。

    A.PDF 文档内容查找　　　　　　　　B. 进行页面设置

    C. 合并文档　　　　　　　　　　　　D. 切换登录账号

4. 在 WPS PDF 快速访问工具栏中默认的功能按钮是（　　　）。

    A. 打开文件　　　　B. 选择"手型"　　　　C. 顺时针旋转　　　　D. 设置背景

5. 在 WPS PDF 缩略图导航窗格中能完成的操作是（　　　）。

    A. 放大缩略图　　　　　　　　　　　B. 修改 PDF 文档中的内容

    C. 查找操作　　　　　　　　　　　　D. 播放 PDF 文档

6. 下面关于 WPS PDF 自动滚动操作描述正确的是（　　　）。

    A. 仅能向下滚动 PDF 文档

    B. 仅能向上滚动 PDF 文档

    C. 自动滚动功能必须和连续阅读配合使用

    D. 滚动速率可以自定义设置任意值

7. 在 WPS PDF 播放模式下可以进行的操作是（　　　）。

    A. 放大 PDF 文档　　　　　　　　　　B. 查找 PDF 文档中的内容

    C. 顺时针旋转 PDF 文档　　　　　　　D. 设置背景

8. 在 WPS PDF 中，关于文档合并描述错误的是（　　　）。

    A. 对加密文档进行合并的时候，需要先解密

    B. 文档合并一次最多处理 50 个文档

    C. 对每个合并文档的合并范围可以设置

    D. 文档合并支持 PDF 文档和演示文稿混合合并

第5章
WPS 办公应用模拟试卷

（共33题，合计100分）

一、单选题（20题，每题1分，共20分）

1.若在 WPS 文字的"打印"对话框中的"页码范围"文本框中输入"2–5,10,12"，则
（　　）。

  A.打印第2页至第5页、第10页、第12页

  B.打印第2页、第5页、第10页、第12页

  C.打印第2页至第12页

  D.打印第2页、第5页、第10页至第12页

2.在 WPS 文字中，使用（　　）组合键，可以关闭当前文档。

  A.Ctrl+N   B.Ctrl+C   C.Ctrl+F4   D.Ctrl+S

3.在 WPS 表格中函数 MIN（12，0，4，7）的返回值是（　　）。

  A.12   B.0   C.4   D.1

4.在 WPS 文字中，使用（　　）选项卡可以完成页边距的调整工作。

  A.开始   B.页面布局   C.插入   D.视图

5.在 WPS 文字中，如果想为文档添加文字水印，首先要单击（　　）选项卡。

  A.开始   B.页面布局   C.插入   D.视图

6.WPS 文字的工作界面中，（　　）用于显示文档状态和提供视图控制。

  A.导航窗格   B.标签栏   C.功能区   D.状态栏

7.在 WPS 文字中，若要将选中的文本设置为倾斜，则单击"开始"选项卡中的（　　）
按钮。

  A.A   B.U   C.I   D.B

8.在 WPS 表格的打印预览窗口中，单击关闭按钮可以实现（　　）。

  A.关闭当前工作表   B.关闭当前工作簿

  C.回到工作表编辑窗口   D.退出 WPS 表格

9.在 WPS 表格工作表中，用鼠标拖拽进行填充时，鼠标指针的形状为（　　）。

  A.空心粗十字架   B.实心细十字架

C. 向左上方箭头　　　　　　　　　　D. 向右上方箭头

10. 在 WPS 表格中，若 A1 存放 5，则函数 AVERAGE（10*A1，AVERAGE（12，0））的值是（　　　）。

　　A.26　　　　　　　B.27　　　　　　　C.28　　　　　　　D.29

11. 在 WPS 表格中，有关打印的下列说法，错误的是（　　　）。

　　A. 可以设置打印份数　　　　　　　B. 可以设置居中打印

　　C. 无法调整打印方向　　　　　　　D. 可进行页面设置

12. 在 WPS 表格中，能处理数据的最小单位是（　　　）。

　　A. 行　　　　　　　B. 工作表　　　　　C. 列　　　　　　　D. 单元格

13. 在 WPS 表格中，使用(　　　)命令，可以设置允许打开工作簿但不能修改被保护的部分。

　　A. 共享工作簿　　　　　　　　　　B. "另存为"

　　C. 保护工作表　　　　　　　　　　D. 保护工作簿

14. 在 WPS 表格中函数 SUM（12，0，4，8）的返回值是（　　　）。

　　A.0　　　　　　　B.12　　　　　　　C.6　　　　　　　D.24

15. 在 WPS 演示中，关于文件打包下列描述错误的是（　　　）。

　　A. 当演示文稿有链接外部的音 / 视频时，可以使用文件打包功能将幻灯片打包以避免多媒体文件丢失

　　B. 文件打包的时候可以将演示文稿打包成文件夹

　　C. 文件打包的时候可以将演示文稿打包成压缩文件

　　D. 在"放映"选项卡中可以找到文件打包命令

16. 在 WPS 演示中关于排练计时功能，下列描述错误的是（　　　）。

　　A. 在排练计时模式下，按 Esc 键可以退出排练计时模式

　　B. 退出排练计时模式时，若是保存本次排练时间，则会进入普通视图

　　C. 退出排练计时模式时，若是保存本次排练时间，则会进入浏览视图

　　D. 在"放映"选项卡中单击排练计时按钮即可进入排练计时模式

17. 在 WPS 演示中，关于对象对齐的描述错误的是（　　　）。

　　A. 对象对齐中选择"等高"对齐方式时，每个对象的高度以第一个被选中的对象的高度为准

　　B. 在一幻灯片中选中多个文本框，"绘图工具"选项卡中的"对齐"下拉按钮中可以设置等高

　　C. 对象对齐中选择"水平居中"对齐方式时，选中对象顺序不同可能导致产生的结果不同

　　D. 对象对齐中选择"等高"对齐方式时，选中对象顺序不同可能导致产生的结果

不同

18. 在 WPS 演示中，下列关于插入新的幻灯片描述错误的是（　　　）。

　A.在幻灯片导航窗格中要插入幻灯片的位置单击鼠标右键，在弹出的快捷菜单中可以选择"新建幻灯片"命令

　B.单击幻灯片导航窗格中的一张幻灯片然后按 Enter 键可以新建幻灯片

　C.单击幻灯片导航窗格中的一张幻灯片然后按"Ctrl+M"组合键可以新建幻灯片

　D.在"设计"选项卡下，单击"新建幻灯片"按钮，新建幻灯片

19. 在 WPS 演示中，关于幻灯片中对象的动画的描述，错误的是（　　　）。

　A.动画出现的顺序可以调整

　B.动画可以设置满足某一条件后才出现

　C.动画出现的顺序不可以调整

　D.动画可以设置为自动播放

20. 在 WPS 演示中，关于表格的描述错误的是（　　　）。

　A.在"开始"选项卡中可以插入表格

　B.在"插入"选项卡中可以插入表格

　C.可以设置表格中每个单元格的格式

　D.在"表格样式"选项卡中，可以找到表格的预设主题样式

二、多选题（10题，每题 2 分，共 20 分）

1. 在 WPS 文字中可以完成下面哪些操作（　　　）。

　A.插入表格　B.绘制图形　C.截图取字　D.插入条形码

2. 在 WPS 文字"开始"选项卡中的"字体"组可以对文本进行（　　　）设置。

　A.艺术字　　　B.样式　　　　C.字体　　　　D.字号

3. 在 WPS 文字中，"页面设置"选项卡主要包括（　　　）按钮。

　A.页边距　　B.首字下沉　C.纸张大小　D.分栏

4. 下面关于 WPS 表格工作表的重命名叙述中，正确的是（　　　）。

　A.复制的工作表将自动在后面加上数字

　B.一个工作簿中不允许有名字相同的多个工作表

　C.工作表在命名后还可以修改

　D.工作表的名字只允许以字母开头

5. 在 WPS 表格的工作表中，关于打印说法正确的是（　　　）。

　A.可以打印整张工作表　　　B.可以打印选定区域的内容

　C.可以一次性打印多份　　　D.不可以打印整个工作簿

6. 在 WPS 表格中，若想选中 A1:F7 区域，下列操作正确的是（　　　）。

A. 将鼠标指针移至 A1 单元格，按住鼠标左键不放，拖拽鼠标至 F7 单元格

B. 单击 A1 单元格，再单击 F7 单元格

C. 单击 A1 单元格，按住 Shift 键，再单击 F7 单元格

D. 单击 A1 单元格，按住 Ctrl 键，再单击 F7 单元格

7. 关于新建演示文稿的方法，下面说法正确的是（　　　）。

A. 在已打开的 WPS 演示中，通过快速访问工具栏中的"新建"按钮，新建演示文稿

B. 在已打开的 WPS 演示中，单击标签栏中的"+"按钮可以新建一个演示文稿

C. 在已打开的 WPS 演示中，使用"Ctrl+M"组合键新建一个演示文稿

D. 在 WPS 首页左侧主导航区，单击"新建"按钮可以新建一个演示文稿

8.WPS 演示的功能区中承载了各类功能的入口，包括（　　　）。

A. 文件菜单　　B. 导航窗格　　C. 协作状态区　　　　D. 任务窗格

9.WPS 演示中，在（　　　）下，可以用鼠标拖拽的方法改变幻灯片顺序。

A. 普通视图　　　　　　　　B. 阅读视图

C. 幻灯片浏览视图　　　　D. 备注页视图

10. 关于隐藏和显示幻灯片相关内容描述正确的是（　　　）。

A. 当用户不想放映演示文稿中的某些幻灯片时，可以在不删除的情况下将其隐藏

B. 在幻灯片导航窗格中，在想要隐藏的幻灯片上单击鼠标右键，选择"隐藏幻灯片"命令即可在放映时把幻灯片隐藏

C. 普通视图下隐藏的幻灯片不可见

D. 幻灯片浏览视图下隐藏的幻灯片不可见

三、操作题（3题，每题 20 分，共 60 分）

1.WPS 文字操作题

大和小

一位朋友谈到他亲戚的姑婆，一生从来没有穿过合脚的鞋子，常穿着巨大的鞋子走来走去。儿子晚辈如果问她，她就会说："大小双都是一样的价钱，为什么不买大双的？"每次我转述这个故事，总有一些人笑得岔了气。

其实，在生活里我们会看到很多姑婆，没有什么思想的作家，偏偏写着厚重苦涩的作品；没有什么内容的画家，偏偏画着超级巨画；经常不在家的政客商人，却有非常巨大的家园。

许多人不断地追求巨大，其实只是被内在的贪欲推动着，就好像买了特大号的鞋子，忘了自己的脚一样。

小有小的妙处，有时候却难以说得清，就好像故宫的国宝象牙球、翠玉白菜、肉形石，都小得超乎我们的想象。

当然，不管买什么鞋子，合脚最重要；不论追求什么，总要适可而止。（摘自林清玄《大

和小》）

操作要求：

（1）将文稿标题"大和小"设置为微软雅黑、小一号、加粗，字体颜色设置为红色，字符间距设置为加宽 0.5 厘米，对齐方式设置为居中对齐。

（2）对整篇文稿进行页面设置，页边距设置为：上、下边距为 2 厘米，左、右边距为 2.5 厘米，纸张大小设置为 16 开（18.4 厘米 ×26 厘米）。

（3）将文稿正文第一段文字（自"一位朋友谈到他亲戚的姑婆"至"总有一些人笑得岔了气。"）字体设置为楷体、三号，段落首行缩进 2 字符。

（4）将文稿正文第二段文字（自"其实"至"却有非常巨大的家园。"）字体设置为仿宋、三号；段落的段前、段后间距均设置为 12 磅；并为该段添加边框，边框线型为"双实线"，颜色为标准深蓝色，宽度为 1.5 磅，应用于"段落"。

（5）将文稿正文第三至第五段文字〔自"许多人不断地追求巨大"至"总要适可而止。（摘自林清玄《大和小》）"〕字体设置为楷体、三号，段落首行缩进 2 字符，行距设置为固定值 24 磅。

（6）为文稿正文最后一段文字〔自"当然，不管买什么鞋子"至"总要适可而止。（摘自林清玄《大和小》）"〕添加底纹，底纹颜色为标准浅绿色，应用于"文字"。

2.WPS 表格操作题。

货物 1—12 月份销售表										
月份	货物甲	货物甲	货物甲	货物乙	货物乙	货物乙	货物丙	货物丙	货物丙	月销售额
	单价	数量	金额	单价	数量	金额	单价	数量	金额	
	150			230			90	70		
							100			
							80			
							85			
				250						
合计										

操作要求：

（1）（a）将"sheet1"工作表重命名为"货物销售表"；选中 A1:K1 区域合并居中，选中 A2:A3 区域合并单元格，选中 B2:D2 区域合并居中，选中 E2:G2 区域合并居中，选中 H2:J2 区域合并居中，选中 K2:K3 区域合并单元格。（b）对 A4:A15 区域进行填充，内容为"1 月～12 月"；对 B4:B15 区域进行填充，内容为"150～161"；在 C4:C15 区域输入等差数列，最初数据为 20，步长值为 3，终止值为 53；使用向下填充功能，对 E4:E9 区域填充内容"230"，E10:E15 区域填充内容"250"。（c）在 F4:F15 区域输入等比数列，最初数据为 8，步长值为 2，终止值为 128，然后重复填充终止值；将 H8:H15 区域按照 H4:H7 区域的数值进行复制；将 I5:I15 区域按照 I4 单元格的数值 70 进行重复填充。

（2）货物甲、货物乙和货物丙的金额 = 单价 * 数量，根据公式分别计算 D4:D15 区域、G4:G15 区域、J4:J15 区域；分别对货物甲、货物乙和货物丙的数量和金额用函数进行求和，并把结果填在第 16 行所对应的位置；分别对货物甲、货物乙和货物丙的单价用函数进行求平均值，并把结果填在第 16 行所对应的位置；对月销售额用函数进行求和，并把结果填在 K4:K16 区域。

（3）将 A1:K16 区域套用表格样式，选择"表样式浅色 14"。

（4）分别对货物甲、货物乙和货物丙的单价和金额列的数据设置数字格式，具体要求："货币样式¥"并保留 2 位小数。对月销售额列的数据设置数字格式，具体要求："货币样式¥"并保留 2 位小数。

（5）选中 A1:K16 区域设置字体为华文仿宋，字号为 16，字形为粗体，设置行高为 25 磅，列宽为 18 字符，选中 A2:K16 区域设置对齐方式为垂直居中、水平居中。

（6）选中 A4:A15 区域和 K4:K15 区域插入簇状柱形图，将图表标题修改为"1—12 月销售额"；为簇状柱形图添加"指数"趋势线；选中 A4:A15 区域、D4:D15 区域、G4:G15 区域和 J4:J15 区域插入带数据标记的折线图，将图表标题修改为"销售额对比图"；为折线图更改颜色为"彩色第三行第一个"。

（7）将"货物销售表"工作表标签改为红色。

（8）将"货物销售表"工作表设置页面纸张方向为横向，纸张大小为 A5，设置居中打印，居中方式为水平和垂直，页边距设置为上、下、左、右边距均为 3 厘米。

（9）对"货物销售表"工作表设置保护密码"KSBG"。

3.WPS 演示操作题。

操作要求：

（1）在第一张幻灯片前插入一张版式为"标题幻灯片"的新幻灯片（见图 5-1），标题输入"月夜忆舍弟"，副标题输入"作者：杜甫"，背景设置为纯色填充"颜色：浅绿，透明度：80%"，并应用到所有幻灯片。

（2）在第二张幻灯片中，在特定位置（水平：4 厘米，相对于左上角；垂直：6 厘米，相对于左上角）插入一横向文本框，文本框高度为 2 厘米，宽度为 6 厘米，形状填充颜色为"橙色，着色 4"，在该文本框的下方再从上往下插入 2 个同第 1 个文本框格式大小完全相同的文本框，三个文本框自上而下分别输入"创作背景""诗词赏析""作者介绍"，如图 5-2 ~ 图 5-4 所示。将三个文本框组合，组合后的对象设置进入动画为"百叶窗"，在幻灯片右侧插入图片"忆舍弟 .png"，图片进入动画设置为"飞入"，开始方式为"之后"。

（3）在第三张幻灯片中修改圆角矩形的形状填充颜色为"橙色，着色 4"，形状轮廓为"蓝色"，形状效果为"阴影，外部，向下偏移"。圆角矩形内文字字体设为微软雅黑、加粗、20。

（4）为第四张幻灯片内容区域的段落文字添加"菱形"项目符号，段落行距固定值 50 磅。

（5）在第五张幻灯片中，插入一横向文本框，将备注窗格中的内容输入到文本框中，字体设为宋体，字号为 28，文本框高度为 13 厘米，宽度为 25 厘米。

总览

图 5-1　模拟试卷（1）

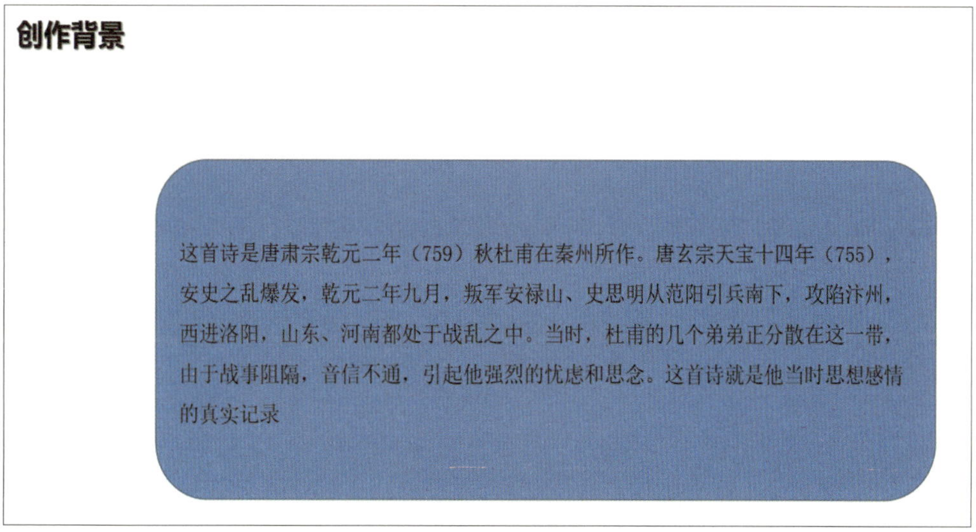

创作背景

这首诗是唐肃宗乾元二年（759）秋杜甫在秦州所作。唐玄宗天宝十四年（755），安史之乱爆发，乾元二年九月，叛军安禄山、史思明从范阳引兵南下，攻陷汴州，西进洛阳，山东、河南都处于战乱之中。当时，杜甫的几个弟弟正分散在这一带，由于战事阻隔，音信不通，引起他强烈的忧虑和思念。这首诗就是他当时思想感情的真实记录

图 5-2　模拟试卷（2）

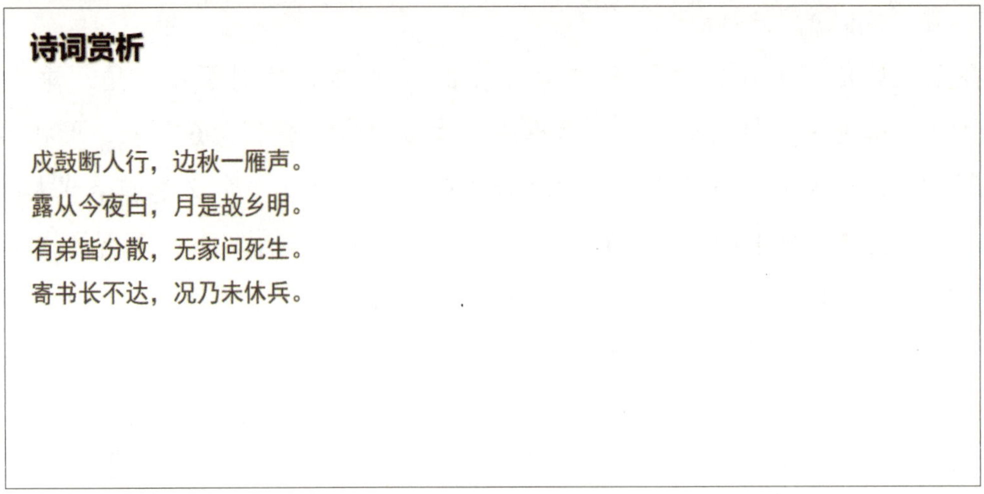

诗词赏析

戍鼓断人行，边秋一雁声。

露从今夜白，月是故乡明。

有弟皆分散，无家问死生。

寄书长不达，况乃未休兵。

图 5-3　模拟试卷（3）

作者介绍

图 5-4　模拟试卷（4）

附：WPS 章节练习题及模拟试卷

参考答案

第 1 章 WPS 文字练习题参考答案

一、单选题

1.B。"页面布局"选项卡中可以设置页边距。

2.C。A 选项是新建文档；B 选项是复制文本；C 选项是关闭当前文档；D 选项是保存文档。

3.A。"打印"对话框中"页码范围"文本框中的连续页码用"–"符号连接，不连续的页码用"，"连接。

4.D。"纸张方向"命令在"页面布局"选项卡中。

5.B。WPS 文字提供了嵌入型、四周型、紧密型、衬于文字下方、浮于文字上方、上下型和穿越型 7 种文字环绕方式。

6.A。WPS 文字是文字处理软件，其他几个软件都不是文字处理软件。

7.B。"标签栏"用于标签切换和窗口控制。

8.C。"插入"选项卡中的"水印"按钮可以删除水印。

9.C。单击"复制"按钮，再在插入点单击"粘贴"按钮，可将某个词复制到插入点。

10.C。"浮于文字上方"是将图形等对象置于文字的上一层。

二、多选题

1.AB。WPS 文字的工作界面主要包括标签栏、功能区、编辑区、导航窗格、任务窗格、状态栏等部分。

2.ABC。关闭当前文档的不同的操作方法中，只有 D 不能关闭文档。

3.ABCD。插入对象包括插入图片、形状、图表、水印、条形码、文本框、艺术字、公式、智能图形、截图取字等。

4.ABD。"打印"对话框可以设置打印范围、打印份数、双面打印等；字体在"字体"对话框中设置。

5.ABCD。"表格属性"对话框可以调整行高和列宽，调整表格的对齐方式和文字环绕方式。

三、操作题

操作要求	操作指南
（1）绘制一个横向文本框，输入文字"人就这么一辈子"	单击"插入"选项卡中的"文本框"下拉按钮，在弹出的下拉菜单中选择"横向"命令，鼠标光标将变成"+"，按住鼠标左键将文本框拖拽到合适的大小，松开鼠标左键，即可在文档中插入文本框，然后在文本框中输入文字"人就这么一辈子"
（1）文本框中文字字体设置为黑体、48 磅、加粗，字体颜色设置为深红色	选中文本，单击鼠标右键选择"字体"选项，设置为"黑体、加粗、48"，字体颜色设置为"深红"色
（1）文本框中文字对齐方式设置为居中显示，文本框环绕方式设置为上下型环绕，将文本框移动到文稿最上方	选中文本，单击"开始"选项卡中的"居中对齐"按钮；单击"页面布局"选项卡中的"文字环绕"下拉按钮，在弹出的下拉菜单中选择"上下型环绕"选项；鼠标拖拽文本框移至文稿最上方
（2）页边距设置为：上、下边距为 2.2 厘米	单击"页面布局"选项卡中的"页边距"下拉按钮，单击"自定义页边距"选项，设置上、下边距为"2.2 厘米"
（2）页边距设置为：左、右边距为 2.8 厘米	单击"页面布局"选项卡中的"页边距"下拉按钮，单击"自定义页边距"选项，设置左、右边距为"2.8 厘米"
（2）纸张大小设置为 B5	单击"页面布局"选项卡中的"纸张大小"下拉按钮，设置为"B5"
（3）正文所有段落文字设置为仿宋、四号，行距设置为固定值 25 磅	选中文本，单击鼠标右键选择"字体"选项，设置为"仿宋、四号"；单击"开始"选项卡中的"段落"对话框启动器按钮，在"缩进和间距"选项卡的"行距"下拉列表框中选择"固定值"，设置为"25 磅"，单击"确定"按钮
（4）正文第一段第一句话添加底纹，底纹颜色为橙色，图案样式设置为 12.5%，图案颜色设置为蓝色，应用于"文字"	选中文本，单击"开始"选项卡中的"边框"下拉按钮，在弹出的下拉菜单中选择"边框和底纹"命令，打开"边框和底纹"对话框，在"底纹"选项卡中的"填充"下拉列表框中设置底纹颜色为"橙色"，在"样式"下拉列表框中选择图案样式为"12.5%"，在"颜色"下拉列表框中设置图案颜色为"蓝色"，在右下角的"应用于"下拉列表框中选择"文字"，单击"确定"按钮
（5）正文第二段文字字体颜色设置为浅蓝色、加粗	选中文本，单击鼠标右键选择"字体"选项，字形设置为"加粗"，字体颜色设置为"浅蓝"色
（5）正文第二段设置"文本之前""文本之后"各缩进 3 字符	选中文本，单击"开始"选项卡中的"段落"对话框启动器按钮，打开"段落"对话框，在"缩进和间距"选项卡中的"文本之前""文本之后"数值框中设置缩进量为"3 字符"，单击"确定"按钮
（6）正文最后一段段前间距设置为 0.5 行	选中文本，单击"开始"选项卡中的"段落"对话框启动器按钮，在"缩进和间距"选项卡中的"段前"数值框中设置段前为"0.5"行，单击"确定"按钮

续表

操作要求	操作指南
（7）设置页面背景：使用图片素材"背景.jpg"作为页面背景	单击"页面布局"选项卡中的"背景"下拉按钮，在弹出的下拉菜单中选择"图片背景"选项，单击"选择图片"按钮，找到图片素材"背景.jpg"，单击"打开"按钮，再单击"确定"按钮

第 2 章 WPS 表格练习题参考答案

一、单选题

1.B。统计函数 MIN 是返回一组值中的最小值，在 12，0，4，7 中最小的值是 0。

2.D。SUM 函数是返回某一单元格区域中所有数字之和。

3.C。AVERAGE（12，0）得出的结果是 6，AVERAGE（50，6）得出的结果是 28。

4.B。COUNT（A1，A2…）功能：求各参数中数值型数据的个数，参数的类型不限。本题中，COUNT（10，A1，A2）中，10 和 A1 均为数值，A2 为字符，所以结果为 2。

5.A。42661 是数值型数据，不是日期格式，所以 A 选项错误。

6.A。A1:C3 包含 9 个单元格，A1:C3 所对应的平均值是 5，所以 A1:C3 所对应的总和为 45。

7.C。在 WPS 表格数据表中，选中连续的两个数值型数据单元格后拖拽填充柄，Excel 会自动填充一个等差数列，公差为两个数值的差，故本题选 C。

8.A。条件格式是用于对选定区域中满足设定条件的单元格设置格式，选项 A 正确。

9.B。DATE 是显示特定日期的函数；TODAY 是显示当前日期的函数；YEAR 是显示特定日期年份的函数。

10.D。在 WPS 表格中，使用"审阅"选项卡中的"保护工作簿"命令，可以设置允许打开工作簿但不能修改被保护的部分，如结构等。

二、多选题

1.BCD。在图表中，删除数据源后，图表中相应的内容也会被删除，所以选项 A 错误，其他选项均为正确选项。

2.AC。"绘图工具"和"文本工具"选项卡中没有"更改类型"命令。

3.BD。可以利用填充功能快速实现等差数列和等比数列的填充。

4.ACD。护眼模式是通过"视图"选项卡设置的。

5.ABC。在重命名工作表时，既可以以数字开头，又可以以汉字开头，也可以以字母开头，所以选项 D 错误，其他选项正确，故选 ABC。

三、操作题

操作要求	操作指南
（1）将 Sheet1 工作表重命名为"课程销量"	用鼠标右键单击 Sheet1 工作表标签，在弹出的快捷菜单中选择"重命名"命令，在标签处输入文字"课程销量"，然后按 Enter 键即可
（2）在第一行添加标题"课程销量"	将光标定位到第1行，在"表格工具"选项卡中选择"在上方插入行"命令，输入"课程销量"
（2）在第六行上方插入一行并依次输入"Powerbi 课程、2345、549"；将第八行移至到第六行之前	将光标定位到第6行，在"表格工具"选项卡中选择"在上方插入行"命令，依次输入"Powerbi 课程、2345、549"；选中第8行，用鼠标右键单击，选择"剪切"命令，选中第6行，用鼠标右键单击，选择"插入已剪切的单元格"命令
（3）在 D2 单元格中输入"平均销量"，在 A9 单元格中输入"总销量"，在 A10 单元格中输入"课程数量"	选中 D2 单元格，输入"平均销量"，选中 A9 单元格，输入"总销量"，选中 A10 单元格，输入"课程数量"
（3）使用函数在 D3:D8 区域计算每个课程线上销量和线下销量的"平均销量"	选中 D3 单元格，单击"公式"选项卡中的"插入函数"按钮，在"选择函数"列表框中选择"AVERAGE"选项，单击"确定"按钮，打开"函数参数"对话框，在"数值 1"文本框中输入"B3:C3"，单击"确定"按钮即可；选中 D3 单元格，鼠标指针变成"+"时向下拖拽至 D8 单元格即可
（3）使用函数在 B9:C9 区域分别计算线上销量和线下销量的"总销量"	选中 B9 单元格，单击"开始"选项卡中的"求和"下拉按钮，选择"求和"命令，按"Enter"键即可；选中 B9 单元格，鼠标指针变成"+"时向右拖拽至 C9 单元格即可
（3）使用函数在 B10 单元格中计算"课程数量"	选中 B10 单元格，单击"公式"选项卡中的"插入函数"按钮，在"选择函数"列表框中选择"COUNT"选项，单击"确定"按钮，打开"函数参数"对话框，在"数值 1"文本框中输入"B3:B8"，单击"确定"按钮即可
（4）选中"A1:D1 区域"合并居中，并设置字体为黑体，字号为 16，斜体	选中 A1:D1 区域，单击"开始"选项卡中的"合并居中"下拉按钮，选择"合并居中"或"合并单元格"命令，设置字体为"黑体"，字号为"16"，"斜体"
（4）选中 A1:D1 区域设置图案，具体要求: 颜色选择"第二行第五个"，图案样式选择"第三行第一个"，图案颜色选择"标准色浅绿"	选中 A1:D1 区域，单击鼠标右键，在弹出的快捷菜单中选择"设置单元格格式"命令，在弹出的对话框中单击"图案"选项卡，在"颜色"选区中选择"第二行第五个"，在"图案样式"下拉列表框中选择"第三行第一个"，在"图案颜色"下拉列表框中选择"标准色浅绿"，单击"确定"按钮
（4）选中 B10:C10 区域合并居中	选中 B10:C10 区域，单击"开始"选项卡中的"合并居中"下拉按钮，选择"合并居中"或"合并单元格"命令

操作要求	操作指南
（5）将 B3:B8 区域大于 3 000 的单元格设置条件格式，内容为"浅红填充色深红色文本"	选中 B3:B8 区域，单击"开始"选项卡中的"条件格式"下拉按钮，选择"突出显示单元格规则"中的"大于"命令，在"为大于以下值的单元格设置格式"中输入"3 000"，在"设置为"下拉列表框中选择"浅红填充色深红色文本"，单击"确定"按钮
（5）将 C3:C8 区域包含 8 的单元格设置条件格式，内容为"绿填充色深绿色文本"	选中 C3:C8 区域，单击"开始"选项卡中的"条件格式"下拉按钮，选择"突出显示单元格规则"中的"文本包含"命令，在"为包含以下文本的单元格设置格式"中输入"8"，在"设置为"下拉列表框中选择"绿填充色深绿色文本"，单击"确定"按钮
（5）将"D3:D8 区域介于 2 000~4 000"的单元格设置条件格式，内容为"黄填充色深黄色文本"	选中 D3:D8 区域，单击"开始"选项卡中的"条件格式"下拉按钮，选择"突出显示单元格规则"中的"介于"命令，在"为介于以下值之间的单元格设置格式"中输入"2 000"到"4 000"，在"设置为"下拉列表框中选择"黄填充色深黄色文本"，单击"确定"按钮
（6）选中 A2:D10 区域设置边框，具体要求：颜色选择"橙色，着色 4，浅色 80%"，样式选择"最密的点线下方的点线"，边框选择内部；样式选择"最粗的实线上方的实线"，边框选择"外边框"	选中 A2:D10 区域，用鼠标右键单击，在弹出的快捷菜单中选择"设置单元格格式"命令，在弹出的"单元格格式"对话框中，选择"边框"选项卡，在"颜色"下拉列表框中选择"橙色，着色 4，浅色 80%"，然后在"样式"列表框中选择"最密的点线下方的点线"，选择"内部"，再在"样式"列表框中选择"最粗的实线上方的实线"，选择"外边框"，单击"确定"按钮
（7）选中 A2:D10 区域并设置字体为方正舒体，字号为 14，设置对齐方式为垂直居中、水平居中，行高为 22 磅，列宽为 22 字符	选中 A2:D10 区域，单击"开始"选项卡中的"字体"组合框下拉按钮，在弹出的下拉列表中选择"方正舒体"；单击"字号"组合框下拉按钮，在弹出的下拉列表中选择"14"；用鼠标右键单击，在弹出的快捷菜单中选择"设置单元格格式"命令，在弹出的"单元格格式"对话框中，选择"对齐"选项卡，在"水平对齐"和"垂直对齐"下拉列表框中选择"居中"，单击"确定"按钮；单击"开始"选项卡中的"行和列"下拉按钮，在弹出的下拉菜单中选择"行高"选项，设置行高为"22 磅"，选择"列宽"选项，设置列宽为"22 字符"
（8）选中 B9:C9 区域设置数字格式，具体要求：设置为"数值"样式并保留整数，勾选"使用千位分隔符"复选框	选中 B9:C9 区域，单击鼠标右键，在弹出的快捷菜单中选择"设置单元格格式"命令，在弹出的"单元格格式"对话框中，选择"数值"选项，小数位数为"0"，并勾选"使用千位分隔符"复选框
（9）复制"课程销量"工作表，并将其移到最后；将"课程销量（2）"工作表重命名为"图形制作"	用鼠标右键单击"课程销量"工作表标签，弹出快捷菜单，选择"移动或复制工作表"命令，弹出"移动或复制工作表"对话框，在"下列选定工作表之前"选区中选择"（移至最后）"选项，勾选"建立副本"复选框，单击"确定"按钮；用鼠标右键单击"课程销量（2）"工作表标签，在弹出的快捷菜单中选择"重命名"命令，输入"图像制作"即可

操作要求	操作指南
（10）选中 A2:A8 区域、D2:D8 区域制作簇状条形图，将图表标题修改为"课程平均销量"	选中 A2:A8 区域和 D2:D8 区域，单击"插入"选项卡中的"全部图表"按钮，在弹出的对话框中选择"条形图"中的"簇状条形图"，单击"插入"按钮即可；双击图表标题，修改标题为"课程平均销量"
（10）为簇状条形图添加数据标签，选择"数据标签外"命令	选中簇状条形图，单击"图表工具"选项卡中的"添加元素"下拉按钮，在弹出的下拉菜单中选择"数据标签"命令，在弹出的子菜单中选择"数据标签外"命令
（10）为簇状条形图更改颜色为"彩色第三行第一个"	选中簇状条形图，单击"图表工具"选项卡中的"更改颜色"下拉按钮，在弹出的下拉菜单中选择"彩色第三行第一个"
（10）将"图表样式"设置为"样式 7"	选中簇状条形图，单击"图表工具"选项卡中的"样式"库下拉扩展按钮，在弹出的下拉面板中选择"样式 7"
（10）设置横坐标轴格式，具体要求：坐标轴选项下坐标轴的边界的最小值改为"500"	双击横坐标轴数据区域，在"坐标轴选项"下将"坐标轴"的边界"最小值"更改为 500
（11）在 A12:D12 区域输入等比数列，最初数据为 3，步长值为 3，终止值为 81	选中 A12 单元格，输入"3"，单击"开始"选项卡中的"填充"下拉按钮，选择"序列"选项，在弹出的"序列"对话框中的"序列产生在"选区单击"行"单选按钮，设置"类型"为"等比数列"，在"步长值"文本框中输入"3"，在"终止值"文本框中输入"81"，单击"确定"按钮即可
（12）将"课程销量"工作表设置页面纸张方向为"横向"，纸张大小为"B5"，设置"居中打印"，居中方式为"水平和垂直"	单击"页面布局"选项卡中的"纸张方向"下拉按钮，选择"横向"命令；单击"纸张大小"下拉按钮，选择"B5"命令；单击"页面布局"选项卡中的"打印标题"按钮，在弹出的"页面设置"对话框中选择"页边距"选项卡，在"居中方式"选区中勾选"水平"和"垂直"复选框，单击"确定"按钮即可
（12）页边距设置为"上、下、左、右边距均为 3 厘米"，页眉、页脚间距均为 3 厘米；设置页脚：页脚选中"第 1 页"	单击"页面布局"选项卡中的"页边距"下拉按钮，将页边距设置为上、下、左、右边距均为 3 厘米；页眉和页脚间距均为 3 厘米；单击"页眉 / 页脚"选项卡，单击"页脚"下拉列表框右侧的下拉按钮，选择"第 1 页"选项，单击"确定"按钮即可
（12）设置打印网格线和行号列标	单击"页面布局"选项卡中的"打印标题"按钮，在弹出的"页面设置"对话框中的"工作表"选项卡下的"打印"选区中勾选"网格线"和"行号列标"复选框，单击"确定"按钮即可
（13）将"WPS 表格"工作簿设置保护密码"000000"	单击"审阅"选项卡中的"保护工作簿"按钮，在弹出的"保护工作簿"对话框中的"密码（可选）"文本框中输入"000000"，单击"确定"按钮；在弹出的"确认密码"对话框中的"重新输入密码"文本框中再次输入"000000"，单击"确定"按钮即可

第 3 章 WPS 演示练习题参考答案●

一、单选题

1.B。A 选项是新建文档；B 选项是弹出"打开文件"对话框；C 选项是关闭当前文档；D 选项是保存文档。

2.C。从头播放幻灯片的快捷键为 F5。

3.B。psd 格式（Photoshop Document）的文件是一种图形文件格式。

4.A。"组合"命令在"绘图工具"选项卡中，所以 A 选项错误。注意，本题需选择错误的选项。

5.C。选项 C 不在标签栏。标签栏可以新建、关闭演示文稿，在鼠标右键单击弹出的快捷键菜单中可以保存演示文稿，右侧还可以切换登录账户，但没有保存演示文稿功能。

6.B。插入文本框时，可以插入横向或竖向文本框，所以选项 B 错误。注意，本题需选择错误的选项。

7.C。在幻灯片背景格式的任务窗格中可以设置背景填充和透明度等。

8.C。动画出现的顺序可以调整，选项 C 错误。

9.A。对象对齐中选择"等高"对齐方式时，每个对象的高度是以最后一个被选中的对象的高度为准，而不是第一个，所以 A 选项错误。

10.A。幻灯片母版可以设置每页幻灯片共有的元素。

二、多选题

1.ABCD。全部正确。

2.ABD。Tab 键不能为幻灯片换页，其他三个选项可以。

3.ABCD。全部正确。

4.AB。AB 对应选项描述内容正确。普通视图和幻灯片浏览视图下隐藏的幻灯片可见，CD 选项错误。

5.ABD。没有删除动画这一类。

三、操作题

操作要求	操作指南
（1）设置第一张幻灯片切换动画为"棋盘"，效果选项为"纵向"，并应用于所有幻灯片	选中第一张幻灯片，在菜单栏中单击"切换"选项卡，然后在工具栏展开的切换效果列表中选择"棋盘"效果，单击"效果选项"下拉按钮，选择"纵向"命令，单击工具栏中的"应用到全部"按钮将设置的幻灯片切换效果应用到所有幻灯片

操作要求	操作指南
（2）在第一张幻灯片前插入一张版式为"标题幻灯片"的新幻灯片，主标题为"强台风'烟花'来袭"，副标题为"台风防御安全指南"	将鼠标指针放在第一张幻灯片前，用鼠标右键单击，在弹出的快捷菜单中选择"新建幻灯片"命令，在"开始"选项卡下，单击"版式"下拉按钮，选择"标题幻灯片"，主标题处输入"强台风'烟花'来袭"，副标题处输入"台风防御安全指南"
（3）第二张幻灯片版式改为"两栏内容"，标题设为"台风'烟花'介绍"	选中第二张幻灯片，单击"开始"选项卡，在"版式"下拉菜单中选择"两栏内容"，在标题处输入"台风'烟花'介绍"
（3）左侧内容区域字体设置为黑体，17，段落设置为行距固定值25磅，首行缩进2字符	选中文本，单击"开始"选项卡中的"字体"组合框下拉按钮，选择"黑体"，单击"字号"组合框下拉按钮，选择"17"；单击"开始"选项卡中的"段落"对话框启动器按钮，在"缩进和间距"选项卡中的"缩进"选区中设置"特殊格式"为"首行缩进"，在"度量值"数值框中设置2字符，在"间距"选区的"行距"下拉列表框中选择"固定值"，"设置"值为25磅，单击"确定"按钮
（3）右侧内容区域插入素材"台风.png"	将鼠标指针放在右侧文本框，单击"插入"选项卡中的"图片"下拉按钮，在弹出的下拉菜单中选择"本地图片"命令，在弹出的对话框中找到"台风.png"，单击"打开"按钮
（3）设置图片进入动画为温和型"回旋"，退出动画为"阶梯状"	选中图片，单击"动画"选项卡，在工具栏展开的"预览效果"库中选择温和型"回旋"进入效果和"阶梯状"退出效果
（4）第三张幻灯片版式修改为"标题和内容"，标题输入"台风防御指南"，内容添加"菱形"项目符号	选中第三张幻灯片，单击"开始"选项卡，在"版式"下拉菜单中选择"标题和内容"，在标题处输入"台风防御指南"。选中文本，单击"开始"选项卡中的"项目符号"下拉按钮，在弹出的"预设项目符号"下拉面板中选择"菱形"项目符号
（4）设置内容文本框轮廓为"绿色"，填充颜色为"灰色−25%，背景2"	单击"绘图工具"选项卡中的"轮廓"下拉按钮，线条颜色选择"绿色"，单击"填充"下拉按钮，选择"灰色−25%，背景2"即可
（4）在幻灯片右侧插入基本形状"闪电形"，设置形状填充颜色为"红色"	单击"插入"选项卡中的"形状"下拉按钮，在弹出的下拉菜单中选择"闪电形"选项，当鼠标指针变成"+"时，按住鼠标左键不放，拖拽鼠标指针即可完成绘制。单击"绘图工具"选项卡中的"填充"下拉按钮，选择"红色"

第4章 WPS PDF 练习题参考答案

单选题

1.D。修改背景色需要在初始模式的"开始"选项卡中修改。

2.D。可以查找文本、书签、注释，但无法查找图片。

3.D。标签栏的窗口控制区可以切换登录账号。

4.A。快速访问工具栏默认按钮有打开、保存、打印、撤销和恢复功能，其余选项需要在"开始"选项卡中设置。

5.A。可以在缩略图导航窗格中放大和缩小缩略图。

6.C。可以向上或向下滚动 PDF 文档，滚动只能选择 4 种固定速率。

7.A。播放模式下可以进行放大、缩小和翻页操作。

8.D。合并的文档必须是同一类型。

第 5 章 WPS 办公应用模拟试卷参考答案

一、单选题

1.A。"打印"对话框中"页码范围"文本框中的连续页码用"–"符号连接，不连续的页码用"，"连接。

2.C。A 选项是新建文档；B 选项是复制文本；C 选项是关闭当前文档；D 选项是保存文档。

3.B。统计函数 MIN 是返回一组值中的最小值，在 12，0，4，7 中最小的值是 0。

4.B。在"页面布局"选项卡中可以设置页边距。

5.C。"插入"选项卡中的"水印"按钮可以添加水印。

6.D。"状态栏"用于显示文档状态和提供视图控制。

7.C。A 选项是字体颜色，B 选项是加下划线，C 选项是倾斜，D 选项是加粗。

8.C。在 WPS 表格的打印预览窗口中，单击关闭按钮可以回到工作表编辑窗口。

9.B。在 WPS 表格的工作表中，用鼠标拖拽进行填充时，鼠标指针的形状为实心细十字架。

10.C。AVERAGE（12，0）得出的结果是 6，AVERAGE（50，6）得出的结果是 28。

11.C。可以调整打印方向为"纵向"或"横向"。其他选项中所叙述的内容均能实现。

12.D。单元格是处理数据的最小单位。

13.D。在 WPS 表格中，使用"文件"选项卡中的"保护工作簿"命令，可以设置允许打开工作簿但不能修改被保护的部分，如结构等。

14.D。SUM 函数是返回某一单元格区域中所有数字之和。

15.D。文件打包在"文件"菜单下。

16.B。退出排练计时模式时，若是保存本次排练时间，则会进入浏览视图。

17.A。在对象对齐中选择"等高"对齐方式时，每个对象的高度是以最后一个被选中的对象的高度为准。

18.D。选项 D 应该是在"开始"选项卡中。

19.C。动画出现的顺序可以调整。

20.A。在"插入"选项卡中可以插入表格。

二、多选题

1.ABCD。WPS 文字包括插入图片、形状、图表、水印、条形码、文本框、艺术字、公式、智能图形、截图取字等。

2.CD。"艺术字"在"插入"选项卡中进行设置,"样式"在"开始"选项卡中的"样式"组进行设置。

3.ACD。"首字下沉"按钮位于"插入"选项卡中。

4.ABC。在重命名工作表时,既可以以数字开头,又可以以汉字开头,还可以以字母开头。

5.ABC。在打印时,既可以打印选定区域,又可以打印选定工作表,还可以打印整个工作簿,并且可以一次性打印多份。

6.AC。Ctrl 键是选中不连续的区域用到的。

7.ABD。选项 C 中的"Ctrl+M"组合键的功能是新建幻灯片页。

8.AC。导航和任务窗格不在功能区。

9.AC。普通视图和幻灯片浏览视图下都可以拖拽调整顺序。

10.AB。普通视图和幻灯片浏览视图下隐藏的幻灯片可见。

三、操作题

1.WPS 文字操作题。

操作要求	操作指南
(1)标题设置为微软雅黑、小一号、加粗	选中标题,单击鼠标右键选择"字体"选项,设置"字体"为"微软雅黑、小一号、加粗"
(1)标题字体颜色设置为红色	选中标题,单击鼠标右键选择"字体"选项,设置"字体颜色"为"红色"
(1)标题字符间距设置为加宽0.5 厘米	选中标题,单击鼠标右键选择"字体"选项,在"字符间距"中设置加宽"0.5 厘米"
(1)标题对齐方式设置为居中对齐	选中标题,在"开始"选项卡中单击"居中对齐"按钮
(2)页边距设置为:上、下边距为 2 厘米	在"页面布局"选项卡中选择"页边距"选项,设置上、下边距为"2 厘米"
(2)页边距设置为:左、右边距为 2.5 厘米	在"页面布局"选项卡中选择"页边距"选项,设置左、右边距为"2.5 厘米"
(2)纸张大小设置为 16 开(18.4 厘米 ×26 厘米)	在"页面布局"选项卡中选择"纸张大小"选项,选择"16 开"选项
(3)正文第一段文字字体设置为楷体、三号	选中正文第一段文字,单击鼠标右键选择"字体"选项,设置"字体"为"楷体、三号"

操作要求	操作指南
（3）正文第一段设置首行缩进 2 字符	选中正文第一段文字，单击鼠标右键选择"段落"选项，设置"段落缩进"为首行缩进 2 字符
（4）正文第二段文字字体设置为仿宋、三号	选中正文第二段，单击鼠标右键选择"字体"选项，设置"字体"为"仿宋、三号"
（4）正文第二段段前、段后间距均设置为 12 磅	选中正文第二段，单击鼠标右键选择"段落"选项，间距均为"12 磅"
（4）为正文第二段添加边框，边框线型为"双实线"，颜色为标准深蓝色，宽度为 1.5 磅，应用于"段落"	选中正文第二段，单击"开始"选项卡中的"边框"下拉按钮，选择"边框和底纹"命令，"边框类型"选择"双实线"，"颜色"为"深蓝色"，"宽度"为"1.5 磅"，"应用于"下拉列表选择"段落"，单击"确定"按钮
（5）正文第三至第五段文字字体设置为楷体、三号	选中正文第三至第五段，单击鼠标右键选择"字体"选项，设置"字体"为"楷体、三号"
（5）正文第三至第五段设置首行缩进 2 字符	选中正文第三至第五段，单击鼠标右键选择"段落"选项，设置"段落缩进"为首行缩进 2 字符
（5）正文第三至第五段设置行距为固定值 24 磅	选中正文第三至第五段，单击鼠标右键选择"段落"选项，设置行距为固定值"24 磅"
（6）为正文最后一段文字添加底纹，底纹颜色设置为标准浅绿色，应用于"文字"	选中正文最后一段，单击"开始"选项卡中的"边框"下拉按钮，选择"边框和底纹"命令，在"底纹"选项卡下的"填充"栏中设置底纹颜色为"浅绿色"，在"应用于"下拉列表中选择"文字"，单击"确定"按钮

2.WPS 表格操作题。

操作要求	操作指南
（1）将"sheet1"工作表重命名为"货物销售表"	双击"sheet1"工作表标签，然后输入"货物销售表"
（1）选中 A1:K1 区域合并居中，选中 A2:A3 区域合并单元格，选中 B2:D2 区域合并居中，选中 E2:G2 区域合并居中，选中 H2:J2 区域合并居中，选中 K2:K3 区域合并单元格	选中需合并的区域，单击"开始"选项卡中的"合并"下拉按钮，在弹出的下拉菜单中选择"合并居中"或"合并单元格"命令
（1）将 A4:A15 区域进行填充，内容为"1 月～12 月"，将 B4:B15 区域进行填充，内容为"150～161"	在 A4 单元格中输入 1 月，下拉填充至 12 月；在 B4 单元格中输入 150，下拉填充至 161

操作要求	操作指南
（1）在 C4:C15 区域输入等差数列，最初数据为 20，步长值为 3，终止值为 53	在 C4 单元格中输入起始数据 20，选中 C4:C15 区域，单击"开始"选项卡中的"填充"按钮，选择"序列"命令，选择"列—等差序列—输入步长值 3，终止值 53"，单击"确定"按钮
（1）使用向下填充功能，将 E4:E9 区域填充内容"230"，E10:E15 区域填充内容"250"	在 E4 中输入 230，选中 E4:E9 区域，单击"开始"选项卡中的"填充"下拉按钮，选择"向下填充"命令；在 E10 中输入 250，选中 E10:E15 区域，单击"开始"选项卡中的"填充"下拉按钮，选择"向下填充"命令
（1）在 F4:F15 区域输入等比数列，最初数据为 8，步长值为 2，终止值为 128，然后重复填充终止值	在 F4 单元格中输入起始数据 8，选中 F4:F15 区域，单击"开始"选项卡中的"填充"下拉按钮，选择"序列"命令，选择"列—等比序列—输入步长值 2，终止值 128"，然后选中"F8:F15 区域"，单击"开始"选项卡中的"填充"下拉按钮，选择"向下填充"命令
（1）将 H8:H15 区域按照 H4:H7 区域的数值进行复制；将 I5:I15 区域按照 I4 单元格的数值 70 进行重复填充	复制 H4:H7 区域的数字，粘贴到 H8:H15 区域；选中 I4:I15 区域，单击"开始"选项卡中的"填充"下拉按钮，选择"向下填充"命令
（2）货物甲、货物乙和货物丙的金额 = 单价 * 数量，根据公式分别计算 D4:D15 区域、G4:G15 区域和 J4:J15 区域	在 D4 处输入"=B4*C4"，下拉至 D15；在 G4 处输入"=E4*F4"，下拉至 G15；在 J4 处输入"=H4*I4"，下拉至 J15
（2）分别对货物甲、货物乙和货物丙的数量和金额用函数进行求和，并把结果填在第 16 行所对应的位置	在 C16 处输入"=SUM（C4:C15）"；在 D16 处输入"=SUM（D4:D15）"；在 F16 处输入"=SUM（F4:F15）"；在 G16 处输入"=SUM（G4:G15）"；在 I16 处输入"=SUM（I4:I15）"；在 J16 处输入"=SUM（J4:J15）"
（2）分别对货物甲、货物乙和货物丙的单价用函数进行求平均值，并把结果填在第 16 行所对应的位置	在 B16 处输入"=AVERAGE（B4:B15）"；在 E16 处输入"=AVERAGE（E4:E15）"；在 H16 处输入"=AVERAGE（H4:H15）"
（2）对月销售额用函数进行求和，并把结果填在 K4:K16 区域	在 K4 处输入"SUM（D4，G4，J4）"，下拉至 K16
（3）将 A1:K16 区域套用表格样式，选择"表样式浅色 14"	选中表格，单击"开始"选项卡中的"表格样式"库下拉按钮，选择"表样式浅色 14"
（4）分别对货物甲、货物乙和货物丙的单价和金额列的数据设置数字格式，具体要求："货币样式¥"并保留 2 位小数	分别选中货物甲、乙和丙的单价和金额列，单击鼠标右键选择"设置单元格格式"命令，在弹出的"单元格格式"对话框中，选择"数字"选项卡中"分类"列表框中的"货币"选项，"小数位数"为"2"，选择货币符号为"¥"，单击"确定"按钮即可

续表

操作要求	操作指南
（4）对月销售额所在的列的数据设置数字格式，具体要求："货币样式￥"并保留 2 位小数	选择月销售额所在列，单击鼠标右键选择"设置单元格格式"命令，在弹出的"单元格格式"对话框中，选择"数字"选项卡中"分类"列表框中的"货币"选项，"小数位数"为"2"，选择货币符号为"￥"，单击"确定"按钮即可
（5）选中 A1:K16 区域设置字体为华文仿宋，字号为 16，字形为粗体，设置行高为 25 磅，列宽为 18 字符，选中 A2:K16 区域设置对齐方式为垂直居中、水平居中	选中 A1:K16 区域，在"行和列"中设置行高"25 磅"，列宽"18 字符"；在单元格格式设置中设置"字体"为"华文仿宋"，"字号"为"16"，"字形"为"粗体"；选中 A2:K16 区域，单击"开始"选项卡中的"垂直居中""水平居中"按钮
（6）选中 A4:A15 区域和 K4:K15 区域插入簇状柱形图，将图表标题修改为"1—12 月销售额"	分别选中 A4:A15 区域和 K4:K15 区域，单击"插入"选项卡中的"全部图表"下拉按钮，选择"簇状柱形图"，并修改图表标题为"1—12 月销售额"
（6）为簇状柱形图添加"指数"趋势线	用鼠标右键单击图表中簇状柱形图的柱形数据，选择"添加趋势线"命令，选中趋势线，用鼠标右键单击选择"设置趋势线格式"，在"趋势线选项"中选择"指数"选项
（6）选中 A4:A15 区域、D4:D15 区域、G4:G15 区域和 J4:J15 区域插入带数据标记的折线图，将图表标题修改为"销售额对比图"	分别选中 A4:A15 区域、D4:D15 区域、G4:G15 区域和 J4:J15 区域，单击"插入"选项卡中的"全部图表"下拉按钮，选择带数据标记的折线图，并修改图表标题为"销售额对比图"
（6）为折线图更改颜色为"彩色第三行第一个"	选中折线图，在"图表工具"选项卡中选择更改颜色，选择"彩色第三行第一个"
（7）将"货物销售表"工作表标签改为红色	在"货物销售表"工作表标签处单击鼠标右键，设置工作表标签颜色为"红色"
（8）将"货物销售表"工作表设置页面纸张方向为横向	单击"页面布局"选项卡中的"纸张方向"下拉按钮，设置纸张方向为"横向"
（8）设置纸张大小为 A5	单击"页面布局"选项卡中的"纸张大小"下拉按钮，设置纸张大小为"A5"
（8）设置居中打印，居中方式为水平和垂直，页边距设置为上、下、左、右边距均为 3 厘米	单击"页面布局"选项卡中的"打印标题"按钮，在弹出的"页面设置"对话框中选择"页边距"选项卡，在"居中方式"选区中勾选"水平"和"垂直"复选框，页边距设置为上、下、左、右边距均为 3 厘米，单击"确定"按钮
（9）对"货物销售表"工作表设置保护密码"KSBG"	选中工作表，单击"审阅"选项卡中的"保护工作表"按钮，设置密码为"KSBG"

3.WPS 演示操作题。

续表

操作要求	操作指南
（1）插入一张版式为"标题幻灯片"的新幻灯片	在"插入"选项卡中，单击"新建幻灯片"下拉按钮，在版式中选择"标题幻灯片"版式。
（1）标题和副标题内容输入	在新建幻灯片中，在"单击此处添加标题"处输入"月夜忆舍弟"，在"单击此处添加副标题"处输入"作者：杜甫"
（1）背景设置为纯色填充"颜色：浅绿，透明度：80%"	在标题幻灯片中，单击鼠标右键，选择"设置背景格式"命令，在"对象属性"任务窗格中选择"纯色填充"，颜色选择"浅绿"，透明度设置为"80%"
（1）应用到所有幻灯片	单击"对象属性"任务窗格下方的"全部应用"按钮
（2）在指定位置（水平：4厘米，相对于左上角；垂直：6厘米，相对于左上角）插入一横向文本框	选中第二张幻灯片，单击"插入"选项卡中的"文本框"下拉按钮，选择"横向文本框"，在新建文本框的"对象属性"任务窗格中"形状选项"选项卡中的"大小与属性"栏，设置"位置"为：水平：4厘米，相对于左上角；垂直：6厘米，相对于左上角
（2）设置文本框高度为2厘米，宽度为6厘米	在文本框的"对象属性"任务窗格中的"形状选项"选项卡中的"大小与属性"栏，设置文本框的高度为"2厘米"，宽度为"6厘米"
（2）形状填充颜色为"橙色，着色4"	在文本框的"对象属性"任务窗格中的"形状选项"选项卡中，单击"填充与线条"按钮，选择"纯色填充"，填充颜色为"橙色，着色4"
（2）再插入2个横向文本框，输入指定内容	复制2个文本框，三个文本框自上而下分别输入"创作背景""诗词赏析""作者介绍"
（2）将三个文本框组合	选中三个文本框，单击"组合"按钮
（2）组合后的对象设置进入动画为"百叶窗"	选中组合后的文本框，单击"动画"选项卡中的"样式"库下拉按钮，选择"百叶窗"效果
（2）右侧插入图片"忆舍弟.png"	选中幻灯片右侧，单击"插入"选项卡中的"图片"下拉按钮，选择"本地图片"，选择"忆舍弟.png"，单击"打开"按钮
（2）图片进入动画设置为"飞入"，开始方式为"之后"	选中图片，单击"动画"选项卡中的"飞入"效果，单击右侧的"自定义动画"按钮，在"自定义动画"任务窗格中的"开始"下拉列表框中选择"之后"
（3）在第三张幻灯片中修改圆角矩形的形状填充颜色为"橙色，着色4"，形状轮廓为"蓝色"	选中圆角矩形的形状，在"对象属性"任务窗格中的"形状选项"选项卡中，单击"填充与线条"按钮，设置形状填充颜色为"橙色，着色4"，设置形状轮廓为"蓝色"
（3）形状效果为"阴影，外部，向下偏移"	选中圆角矩形的形状，在"对象属性"任务窗格中的"形状选项"选项卡中的"效果"中设置阴影为"外部，向下偏移"
（3）圆角矩形内文字字体设为微软雅黑、加粗、20	选中圆角矩形内的文字，在"开始"选项卡中将字体设为"微软雅黑、加粗、20"

操作要求	操作指南
（4）添加"菱形"项目符号	全选文字，在"开始"选项卡中单击"项目符号"下拉按钮，选择"菱形"项目符号
（4）段落行距设置为固定值50磅	全选文字，单击鼠标右键选择"段落"选项，将行距设置为"固定值，50磅"
（5）插入一横向文本框，将备注窗格中的内容输入到文本框中	单击"插入"选项卡中的"文本框"下拉按钮，选择"横向文本框"，全选备注窗口中的文字并剪切，粘贴至文本框
（5）字体设为宋体，28	选中文字，单击鼠标右键选择"字体"选项，设置字体为"宋体，28"
（5）设置文本框高度为13厘米，宽度为25厘米	选中文本框，在"对象属性"任务窗格中的"形状选项"选项卡中的"大小与属性"栏中，设置文本框高度为"13厘米"，宽度为"25厘米"

参考文献

[1] 北京金山办公软件股份有限公司 .WPS 办公应用职业技能等级标准 [S/OL].2021–12–01[2025–01–01]. https://oss.ouchn.cn/xfyh/ 职业技能等级标准 /299.WPS 办公应用职业技能等级标准 .pdf.

[2] 中华人民共和国教育部 . 高等职业学校专业教学标准 [S/OL].2019–01–01[2025–01–01]. http://www.moe.gov.cn/s78/A07/zcs_ztzl/2017_zt06/17zt06_bznr/bznr_gzjxbz/.

[3] 中华人民共和国教育部 . 中等职业学校专业教学标准 [S].2020–01–01[2025–01–01]. http://www.moe.gov.cn/s78/A07/zcs_ztzl/2017_zt06/17zt06_bznr/bznr_zzjxbz/.